Grundriss der Generalisierten Gauß'schen Fehlerrechnung

Michael Grabe

Grundriss der Generalisierten Gauß'schen Fehlerrechnung

Springer

Dr. Michael Grabe
Am Hasselteich 5
38104 Braunschweig
Germany
michael.grabe@gmx.net

ISBN 978-3-642-17821-4 e-ISBN 978-3-642-17822-1
DOI 10.1007/978-3-642-17822-1
Springer Heidelberg Dordrecht London New York

Die Deutsche Nationalbibliothek verzeichnet diese Publikation in der Deutschen Nationalbibliografie; detaillierte bibliografische Daten sind im Internet über http://dnb.d-nb.de abrufbar.

Einbandentwurf: eStudio Calamar, Girona/Berlin

Gedruckt auf säurefreiem Papier

Springer ist Teil der Fachverlagsgruppe Springer Science+Business Media (www.springer.com)

Marianne in Liebe und Dankbarkeit

Vorwort

Every why hath a wherefore.

Shakespeare, The Comedy of Errors

Die Theorie stützt die Formalisierung natürlicher und technischer Phänomene auf wahre physikalische Größen. Dass physikalische Größen „wahr“ sein sollen, ist a priori so selbstverständlich, dass jenes Attribut eher der Klärung bedarf als dass es von sich aus Klärung brächte.

Physikalische Größen an sich sind immer wahr, dessenungeachtet ist zu unterscheiden zwischen theoriegegebenen und experimentell gegebenen physikalischen Größen. Letztere unterscheiden sich von ersteren durch Störungen des Messprozesses, die ihren Wesen nach außerhalb der zu untersuchenden Phänomene stehen. Eben diese Sichtweise war Anlass, Störungen des Messprozesses als *Messfehler* zu bezeichnen. So gesehen sind Messdaten, obwohl fehlerhaft, dennoch physikalisch wahr.

Eine andere, wesentlichere Frage zielt auf die nach wie vor kontroverse Interpretation zeitkonstanter, nach Betrag und Vorzeichen unbekannter systematischer Messfehler. Fehler dieses Typs waren Gaußens Scharfsinn durchaus nicht entgangen, indessen vertrat Gauß die Ansicht, es sei Aufgabe des Experimentators sie zu beseitigen – damit eben seien sie nicht Gegenstand der Fehlerrechnung. In Konsequenz dieser Entscheidung beschränkte Gauß seine Formalismen auf zufällige Messfehler.

Die Nachwirkungen eines im Februar 1978 in der Physikalisch-Technischen Bundesanstalt Braunschweig abgehaltenen *Seminars über die Angabe der Messunsicherheit* lösten lebhafte Aktivitäten auf nationaler und internationaler Ebene aus. Wohl war der metrologischen Gemeinschaft bekannt, dass unbekannte systematische Fehler sich, im Gegensatz zu Gaußens Annahme, prinzipiell nicht eliminieren liessen und somit zu berücksichtigen seien. Angesichts der im Rahmen des Seminars vorgetragenen divergierenden Meinungen aber stellte sich die Frage nach einer international verbindlichen Vereinheitlichung der Fehlerrechnung – ging es doch um nicht weniger als die einheitliche Bewertung metrologischer Resultate im Sinne wechselseitiger Vergleichbarkeit.

Bis dato hatten die metrologischen Staatsinstitute unbekannte systematische Fehler mittels eines Kunstgriffs den zufälligen Fehlern formal gleichgestellt. Als einer der Vortragenden des Seminars stellte ich eine andere, aus meiner Sicht physikalisch angemessenere Vorgehensweise zur Diskussion: Ich wies unbekannten systematischen Fehlern, so wie seitens des Experimentes implementiert, die Rolle zeitkonstanter, biaserzeugender Störungen zu. Notwendigerweise würde damit zwischen Erwartungswerten auf der einen Seite und wahren Werten auf der anderen zu unterscheiden sein – eine Differenzierung, die der bisherigen Praxis klar zuwiderlief.

Ungeachtet dieser Experiment und Formalismus zur Deckung bringenden Interpretation gaben die metrologischen Staatsinstitute letztendlich dem status quo den Vorrang: Sie fassten ihre bisherige Praxis im *Guide to the Expression of Uncertainty in Measurement* (*GUM*), zusammen. Dessen Formalismen sind mathematisch zwar selbstkonsistent, bilden aber nicht das Verhalten stationär arbeitender Messapparaturen ab. Ob sie hinsichtlich der metrologisch fundamentalen Frage, der Rückverfolgbarkeit, schlüssig sind, dürfte fallbezogen nicht einfach zu entscheiden sein.

Die Generalisierte Gauß'sche Fehlerrechnung interpretiert unbekannte systematische Fehler als biaserzeugende Störungen des Messprozesses. Davon unabhängig modifiziert sie aber auch die klassische Verarbeitung zufälliger Messfehler. Das mehrdimensionale Modell normalverteilter Zufallsvariabler arbeitet, wie bekannt, mit empirischen Varianzen und empirischen Kovarianzen. Ist man willens, dieses Modell in die Praxis der Metrologie zu übertragen, müssen für jede der Messgrößen *gleich viele* Wiederholungsmessungen vorliegen. So banal diese Prämisse sich darstellt, so nützlich ist sie, schließt sie doch eine schon immer bestehende, offensichtlich aber kaum wahrgenommene Lücke der Fehlerrechnung. Im Rahmen des Fortpflanzens von Messfehlern nämlich ermöglichen gleich viele Wiederholungsmessungen es, die Erwartungswerte linearisierter Verknüpfungsfunktionen mittels Student'scher Vertrauensbereiche zu lokalisieren.

Diese Idee und die Worst-Case Abschätzung unbekannter systematischer Fehler führen zu baukastenähnlich strukturierten, robusten Messunsicherheiten. Wie Datensimulationen belegen, sind sie in der Lage, die Werte derjenigen physikalischen Größen, die die theoretische Darstellung der zu untersuchenden Phänomene vorgibt, „quasi-sicher" zu lokalisieren.

Messunsicherheiten entscheiden darüber, ob zwei aus verschiedenen Laboratorien stammende, dieselbe physikalische Größe betreffende Messresulate miteinander verträglich sind oder nicht und welches der Resultate genauer, letztlich wertvoller zu sein verspricht.

Bezüglich des Netzes physikalischer Konstanten ist zu verlangen, dass sich jede Konstante aus anderen Konstanten (und gewissen Hilfsgrößen) berechnen lässt – sofern entsprechende Verknüpfungsfunktionen existieren. Selbstredend fordert der

Experimentator, dass die via Fehlerrechnung „mitgezogene“ Messunsicherheit den wahren Wert der berechneten Konstante lokalisiere. Ginge die Lokalisierung verloren, wäre mit weitreichenden Widersprüchen formalen Ursprungs zu rechnen. – Naturwissenschaftlichem Schließen genügt eben keineswegs ein in sich widerspruchsfreies, selbstkonsistentes Netz physikalischer Konstanten.

Die vorliegende Monographie *Grundriss der Generalisierten Gauß'schen Fehlerrechnung* reduziert meine im selben Verlag erschienene Monographie *Generalized Gaussian Error Calculus* auf die Standardsituationen des Auswertens von Messdaten. Mit dem Erscheinen des Buches als Paperback in deutscher Sprache hoffe ich, die anhaltende Diskussion um die Gauß'sche Fehlerrechnung auf eine breitere Basis stellen zu können.

Braunschweig, März 2011 *Michael Grabe*

Inhaltsverzeichnis

Teil I
Prinzipien der Metrologie

1 Ideen des Messens

So wie wir die Gesetze der Natur als wahr ansehen, schreiben wir physikalischen Größen wahre Werte zu.

1.1 Elementares

Messen heißt vergleichen. Vergleichen lassen sich ausschließlich physikalische Größen gleicher Qualität, so eine Masse mit einer Masse, eine Länge mit einer Länge, etc.

Das *Bureau International des Poids et Mesures* empfiehlt, physikalische Größen in Einheiten des Système international d'unités darzustellen. Die Basiseinheiten des SI-Systems sind (gegenwärtig) das Meter (m), das Kilogramm (kg), die Sekunde (s), das Ampere (A), das Mol (mol) und die Candela (cd).

1.2 Messresultat und Messunsicherheit

Experimentell bedingt sind Messdaten nichteliminierbare Messfehler überlagert. Anstatt sich auf eine einzige Messung zu stützen, zeichnet der Experimentator, jedenfalls in der Regel, eine Sequenz von Wiederholungsmessungen

$$x_1, x_2, \dots, x_n \tag{1.1}$$

auf. Anschließend verdichtet er sie zu einem *Schätzer* des wahren Wertes x_0. Wesentlich ist, dass die Wiederholungsmessungen unter konstanten Bedingungen stattfinden.

DOI 10.1007/978-3-642-17822-1, © Springer 2011

Die vorliegende Monographie beschränkt sich auf *Kleinste-Quadrate-Schätzer*. Der einfachste derartige Schätzer ist das arithmetische Mittel

$$\bar{x} = \frac{1}{n}\sum_{l=1}^{n} x_l \,. \tag{1.2}$$

Im Allgemeinen wird der wahre Wert x_0 in der näheren Umgebung des Schätzers $\bar{x}$ zu finden sein. Je niedriger die Differenz zwischen Schätzer und wahrem Wert, desto genauer die Messung, je größer die Differenz, desto ungenauer die Messung. Naturgemäß weiß der Experimentator nicht, ob $\bar{x}$ größer oder kleiner als x_0 ist. In jedem Falle ist die aktuelle Differenz zwischen $\bar{x}$ und x_0 nur schätzbar. Traditionell heißt der Absolutbetrag der geschätzten Differenz *Messunsicherheit*. Bezeichnet $u_{\bar{x}}$ die Messunsicherheit des Schätzers $\bar{x}$ bezüglich des wahren Wertes x_0, so ist

$$\bar{x} \pm u_{\bar{x}}$$

das *Messresultat*, ausführlicher

$$\bar{x} - u_{\bar{x}} \le x_0 \le \bar{x} + u_{\bar{x}} \,; \quad u_{\bar{x}} > 0 \,. \tag{1.3}$$

In Abb. 1.1 zeigt den wahre Wert lediglich symbolisch, experimentell ist er unbekannt – andernfalls brauchte man keine Messung. Postulieren wir:

Messunsicherheiten sollen die wahren Werte der Messgrößen „quasi-sicher" lokalisieren, die Schätzungen sollten robust und die Intervalle so eng wie möglich sein.

Auf die Interpretation des Zusatzes „quasi-sicher" werden wir später eingehen.

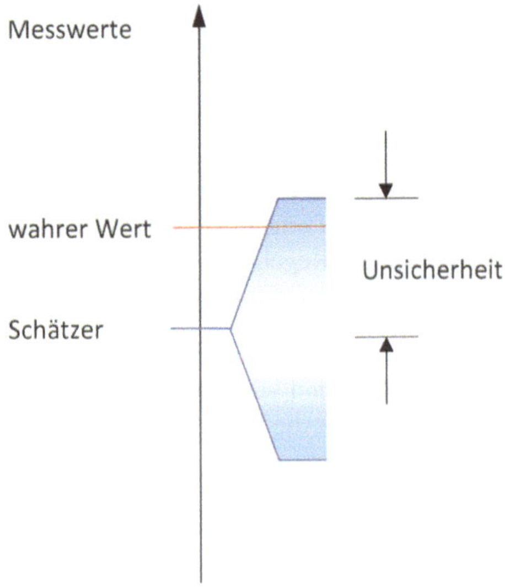

Abb. 1.1 Das Intervall Schätzer ± Messunsicherheit soll den wahren Wert der Messgröße lokalisieren

Die praktische Seite der Forderung (1.3) sei an Hand der sich mit der Quantifizierung eines Wägegutes verbindenden Wertschöpfung illustriert: Der Unsicherheit der Wägung lässt sich, bezogen auf das jeweilige Wägegut, ein Geldwert zuordnen, über dessen Verbleib weder Verkäufer noch Käufer etwas aussagen können. Ist das so, und die Deutsche Eichordnung verlangt eben das, so gilt die Quantifizierung als „gerecht".

1.3 Rückverfolgbarkeit – Rückschluss auf wahre Werte

Die Formalismen der Physik arbeiten mit den wahren Werten physikalischer Größen. Messgrößen demgegenüber sind per se fehlerhaft. Insofern bewegt sich physikalisches Schließen im Zwiespalt theoriegegebener Modelle und metrologischer Beobachtungen. Nehmen wir an, die Größen β_1 und β_2 seien zu vergleichen, Abb. 1.2. Seien $\beta_{0,1}$ und $\beta_{0,2}$ die zugehörigen wahren Werte, und sei x_0 der wahre Wert der Anzeige des Komparators. Dann ist

$$\beta_{0,2} - \beta_{0,1} = x_0 \tag{1.4}$$

die in wahren Werten geschriebene Messgleichung. Aus metrologischer Sicht bleibt diese Aussage fiktiv, doch ist sie Grundlage für das Zuweisen von Messunsicherheiten. Dabei ist zu verlangen, dass die Messresultate $\bar{\beta}_1 \pm u_{\bar{\beta}_1}$, $\bar{\beta}_2 \pm u_{\bar{\beta}_2}$ und $\bar{x} \pm u_{\bar{x}}$ die wahren Werte $\beta_{0,1}$, $\beta_{0,2}$ und x_0 lokalisieren.

Der Begriff *Rückverfolgbarkeit*, angelsächsisch *Traceability*, bezeichnet den Rückschluss auf den wahren Wert, die in (1.3) festgehaltene Zielsetzung also.

Nehmen wir an, eine physikalischen Größe β sei zu messen und es lägen zwei aus verschiedenen Laboratorien stammende Messresultate $\bar{\beta}_1 \pm u_{\bar{\beta}_1}$ und $\bar{\beta}_2 \pm u_{\bar{\beta}_2}$ vor. Wechselseitiges Überlappen der Unsicherheitsintervalle suggeriert Verträglichkeit oder Konsistenz. In der Tat, der wahre Wert β_0 der Größe β könnte Element der seitens der Überlappung definierten Schnittmenge sein, möglicherweise aber auch nicht. Liegt keine Überlappung vor, so ist mindestens eines der Messresultate falsch.

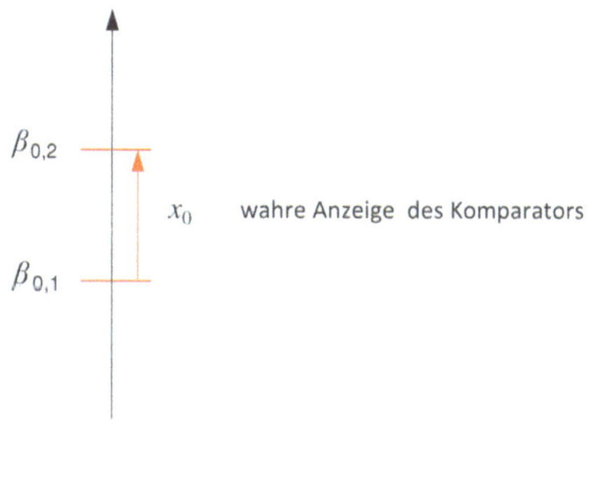

Abb. 1.2 Die wahre Anzeige x_0 des Komparators überträgt den wahren Wert $\beta_{0,1}$ auf den wahren Wert $\beta_{0,2}$

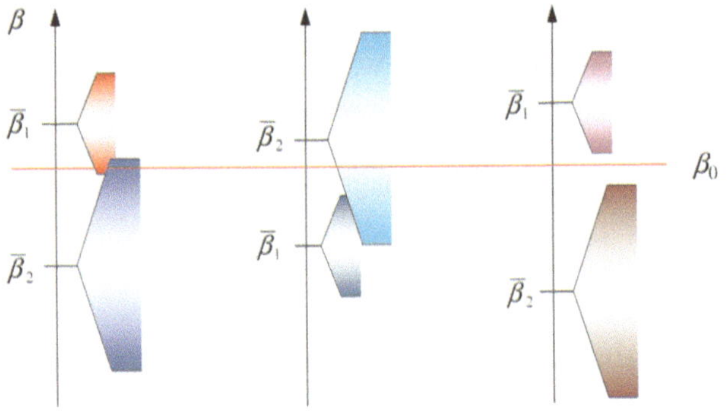

Abb. 1.3 Vergleich zweier dieselbe physikalische Größe β betreffender Messresulate $\bar{\beta}_1 \pm u_{\bar{\beta}_1}$ und $\bar{\beta}_2 \pm u_{\bar{\beta}_2}$; β_0 unbekannter wahrer Wert – symbolisch

Demnach besagt „Konsistenz von Messresultaten“ noch nichts – es sei denn, sie schlösse Rückverfolgbarkeit ein:

Messresultate, ein und dieselbe physikalische Größe betreffend, sind konsistent, wenn ihre Unsicherheitsintervalle sich wechselseitig überlappen und der wahre Wert der Messgröße Element der Schnittmenge ist.

Wie Abb. 1.3 unterstreicht, ist wechselseitiges Überlappen eine notwendige, keinesfalls aber eine hinreichende Bedingung für Konsistenz.

Die nationalen metrologischen Staatsinstitute entwickeln Messverfahren höchster Genauigkeit. Je niedriger die Messunsicherheiten, desto weitreichendere physikalische Aussagen sind möglich. Andererseits bergen niedrige Messunsicherheiten auch Gefahren. Bezogen auf das Gesamtsystem physikalischer Konstanten ist intuitiv klar: Je niedriger die Messunsicherheiten, desto labiler die Lokalisierung wahrer Werte. Verborgene numerische Verzerrungen innerhalb des Systems physikalischer Konstanten könnten die Tragfähigkeit metrologisch kritischer Schlussfolgerungen in Frage stellen – letztlich mit der Maßgabe, korrekte Theorien zu verwerfen und nicht korrekte zu akzeptieren.

Die Feststellung per se, dass sich Entscheidungen pro oder kontra ohnehin auf die durch Messunsicherheiten definierten Spielräume beschränkten, ist wenig hilfreich, solange nicht sichergestellt ist, dass jede der einfließenden Messunsicherheiten der Rückverfolgbarkeit genügt.

1.4 Nicht-Gauß'sches Szenario

Im allgemeinen liegen zeitkonstante systematische Fehler in einer mit den zufälligen Fehlern vergleichbaren Größenordnung. Die gleichzeitige Einflussnahme zweier, dem Charakter nach einander wesensfremder Fehlertypen definiert ein metrologisch verändertes, sagen wir *Nicht-Gauß'sches Szenario*:

- empirischen Daten sind prinzipiell zufällige und nicht eliminierbare, zeitkonstante unbekannte systematische Messfehler überlagert
- die Metrologie ist weniger an den Erwartungswerten der Schätzer als an den wahren Werten der Messgrößen interessiert.

Vom Zusammenbruch der klassischen Gauß'schen Fehlerrechnung sind alle Prozeduren der *Statistischen Inferenz* betroffen. Ganz offensichtlich hat die überragende Autorität Gaußens Experimentatoren und Statistikern gleichermaßen über nahezu zwei Jahrhunderte hinweg die Sicht auf das seitens der Physik determinierte Szenario der Metrologie verdeckt.

Abbildung 1.4 zeigt illustrativ einige der anpassbaren und einige der nichtanpassbaren, ungültig gewordenen Prozeduren. Zur Gruppe letzterer gehören vor allem die Prozeduren der Varianzanalyse in allen ihren Formen, [23, 24].

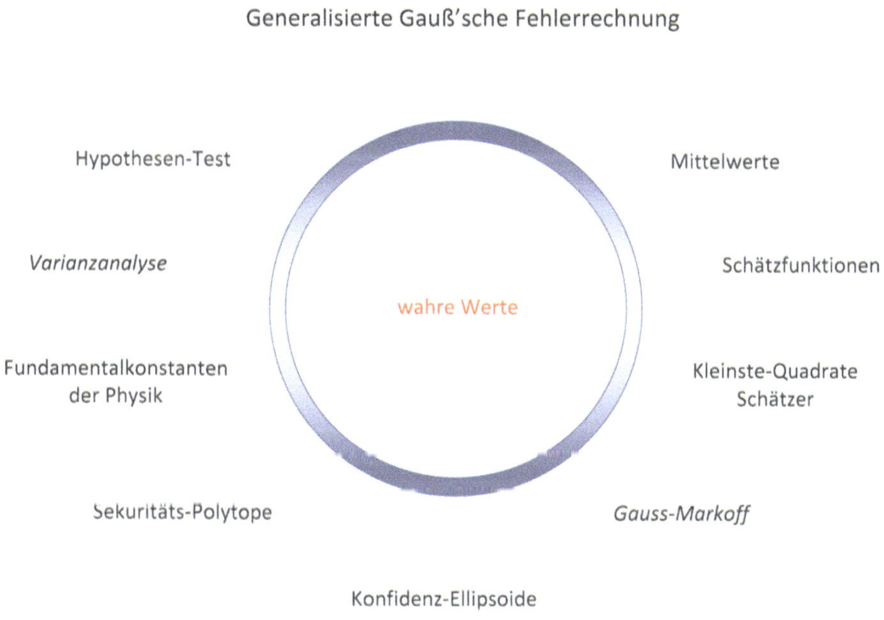

Abb. 1.4 Generalisierte Gauß'sche Fehlerrechnung. Gerade Schrift: anpassbare Prozeduren, kursive Schrift: nicht anpassbare, ungültige Prozeduren

2 Fehlermodelle

Stationär arbeitende Messapparaturen separieren die Ströme zufälliger und systematischer Messfehler.

2.1 Stationäre Messprozesse

Die Annahme, die Messapparatur arbeite statistisch stationär, setzt zeitkonstante unbekannte systematische Fehler, d. h. „driftfreie" Sequenzen von Wiederholungsmessungen voraus und des Weiteren, dass der Charakter der irregulären, statistischen Streuungen der Messwerte zeitunabhängig bleibt.

Aus metrologischer Sicht ist das der ideale Betriebszustand von Messapparaturen, Abb. 2.1. Die Lage des symbolisch eingezeichneten wahren Wertes x_0 ist unbekannt: x_0 kann sowohl „oberhalb" als auch „unterhalb" des Streuzentrums μ liegen.

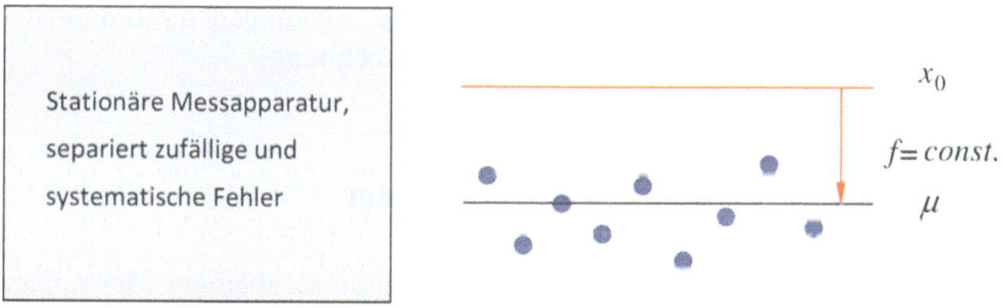

Abb. 2.1 Stationär arbeitende Messapparatur; x_0 wahrer Wert der Messgröße, μ Streuzentrum der Wiederholungsmessungen, f nach Betrag und Vorzeichen unbekannter systematischer Fehler

DOI 10.1007/978-3-642-17822-1, © Springer 2011

2.2 Zufällige Messfehler

Zufällige Fehler treten während des Messens auf. Sie sind Folge statistisch irregulärer Störungen des Messprozesses. Zufällige Fehler lassen sich weder vorhersagen noch vermeiden. Wiederholen wir eine Messung mehrfach unter gleichen Bedingungen, so beobachten wir die durch irreguläre Störungen verursachten Streuungen der Messwerte – sofern die „Auflösung“ des Messgerätes ausreicht.

Die vorliegende Monographie beschränkt sich auf normalverteilte und approximativ normalverteilte zufällige Messfehler, eine Annahme, die sich zum einen auf experimentelle Erfahrung und zum anderen auf den *Zentralen Grenzwertsatz der Statistik* stützt, [35]. Metrologisch relevante, nicht-normalverteilte Zufallsprozesse werden u. a. in [30] behandelt.

2.3 Gauß'sches Fehlermodell

Im Sinne des Gauß'schen Fehlermodells streut die Sequenz der Wiederholungsmessungen $x_l;\, l = 1, 2, 3, \dots$ um ein festes Zentrum. Wenn wir letzteres mit μ und die Sequenz der normalverteilten zufälligen Messfehler mit $\varepsilon_l;\, l = 1, 2, 3, \dots$ bezeichnen, haben wir

$$x_l = \mu + \varepsilon_l \; ; \quad l = 1, 2, 3, \dots \tag{2.1}$$

Gauß war sich sehr wohl bewusst, dass dieser Ansatz die Funktion der Messapparatur nicht notwendigerweise erschöpfend beschreiben würde, [20], dessenungeachtet beschränkte er sich auf ihn, deshalb, weil er die Ansicht vertrat, es sei Sache des Experimentators, unbekannte systematische Messfehler zu eliminieren. – Wie wir wissen, ist das aus prinzipiellen Gründen nicht möglich.

Die Notwendigkeit zwischen dem Streuzentrum der Wiederholungsmessungen einerseits und dem wahren Wert der Messgröße andererseits unterscheiden zu müssen – beide differieren um den apparativ bedingten, zeitkonstanten, nach Betrag und Vorzeichen unbekannten systematischen Messfehler – bedingt den Zusammenbruch des klassischen Konzeptes der Gauß'schen Fehlerrechnung.

2.4 Unbekannte systematische Messfehler

Systematische Fehler entstehen zunächst beim Zusammenbau der Messapparatur: Mechanische, optische und elektronische Bauteile implementieren im Allgemeinen jedenfalls zeitkonstante Offsets. Justierungen gleich welcher Art ziehen, da nicht perfekt realisierbar, unbekannte systematische Messfehler nach sich. Selbst Einschalteffekte können Einfluss auf das Betriebsverhalten der Apparatur nehmen. Schließlich sind jedenfalls in der Regel irgendwelche messtechnisch relevanten Umweltbedingungen zu berücksichtigen. Da nur endlich genau spezifizierbar, sind sie Ursache zeitkonstanter Fehler unbekannten Betrages und unbekannten Vorzeichens.

Die Wesensfremdheit zufälliger und systematischer Fehler bringt mit sich, dass die aktuellen Werte der systematischen Fehler festliegen, noch bevor die Wiederholungsmessungen beginnen.

Denken wir an Wägungen hoher Genauigkeit: Je unterschiedlicher die Dichten von Normal und Prüfling auf der „rechten und linken Waagschale“, desto stärker der Einfluss des Luftauftriebs. Zwar ist die Dichte der Luft formelmäßig sehr genau spezifizierbar – aber dennoch nicht so genau, wie im Rahmen hochgenauer Messungen erforderlich – die verbleibende Unkenntnis zieht beträchtliche systematische Messfehler nach sich, [19].

Systematische Messfehler sind, da nach Betrag und Vorzeichen unbekannt, nur durch Intervalle abschätzbar. Die Grenzen der Intervalle legt der Experimentator nach bestem Wissen und Gewissen fest. Dabei stützt er seine Analyse auf Aufbau, Funktion und Betriebsbedingungen der Messapparatur. Letztlich bleibt seine Schätzung eine Mischung aus analytischen und empirischen Betrachtungen. Dieses Bild mag uns widerstreben, indessen lässt die Praxis keinen anderen Weg zu.

Im einfachsten Fall ist das den unbekannten systematischen Messfehler eingrenzende Intervall symmetrisch zu Null. Bezeichne f den aktuellen systematischen Fehler und $\pm f_s$ die geschätzten Grenzen des Intervalls. Dann sollte

$$-f_s \le f \le f_s\ ; \quad f_s > 0 \tag{2.2}$$

gelten. Erstreckt sich das Intervall nicht symmetrisch zu Null, lässt es sich nachträglich symmetrisieren. Haben wir

$$f_{s_1} \le f \le f_{s_2}\ , \tag{2.3}$$

so genügt es, den Term

$$\frac{f_{s_1} + f_{s_2}}{2} \tag{2.4}$$

von den Grenzen f_{s_1} und f_{s_2} *und* den Messdaten zu subtrahieren,

$$f_{s_1} - (f_{s_1} + f_{s_2})/2 = -(f_{s_2} - f_{s_1})/2$$
$$f_{s_2} - (f_{s_1} + f_{s_2})/2 = (f_{s_2} - f_{s_1})/2\ .$$

Setzen wir $f_s = (f_{s_2} - f_{s_1})/2$, so geht (2.3) in (2.2) über. Die Umrechnung unsymmetrischer Intervallgrenzen vereinfacht den Formalismus der Fehlerrechnung wesentlich. Die transformierten Intervallgrenzen und transformierten Messdaten

$$x'_l = x_l - \frac{f_{s_1} + f_{s_2}}{2}\ ; \quad l = 1, 2, \ldots, n \tag{2.5}$$

genügen erneut Aussage (2.2).

Im Folgenden werden wir davon ausgehen, die Grenzen der unbekannten systematischen Fehler seien bereits symmetrisiert worden. In diesem Sinne verzichten wir auf das Symbol $'$ und kehren zur Notation (1.1) zurück.

Die Bezeichnung „unbekannter systematischer Fehler“ ist historisch bedingt. Fehler sind per se unbekannt. Zufällige Fehler heißen, obwohl unbekannt, auch nicht „unbekannte zufällige Fehler“. In diesem Sinne werden wir unbekannte systematische Fehler im Folgenden nur noch als *systematische Fehler* bezeichnen. – Bekannte systematische Fehler sind ihrem Wesen nach Stellgrößen, die sich per Subtraktion eliminieren lassen. Derartige Größen sind für die Formalismen der Fehlerrechnung irrelevant.

2.5 Generalisiertes Gauß'sches Fehlermodell

Wie Abb. 2.2 zeigt, verschiebt der nach Betrag und Vorzeichen unbekannte systematischen Fehler f die Wiederholungsmessungen kollektiv bezüglich des wahren Wertes x_0 – in welche Richtung weiß der Experimentator nicht. Demzufolge ist von

$$\mu = x_0 + f \ , \quad -f_s \le f \le f_s \tag{2.6}$$

auszugehen. Einsetzen von (2.6) in (2.1) führt auf

$$x_l = x_0 + \varepsilon_l + f \ , \quad f = \text{const.} \ ; \quad l = 1, \ldots, n \ . \tag{2.7}$$

Die Aussagen (2.6) und (2.7) markieren den Ausgangspunkt der Generalisierten Gauß'schen Fehlerrechnung. Während das klassische Gauß'sche Konzept ausschließlich mit zufälligen Fehlern arbeitet, lässt dessen Generalisierung drüberhinausgehend ausdrücklich zeitkonstante, nach Betrag und Vorzeichen unbekannte systematische Fehler zu.

Die seitens der metrologischen Staatsinstitute verwendete Version der Fehlerrechnung, dargestellt im *Guide to the Expression of Uncertainty in Measurement*, [7], versucht, das klassische Gauß'sche Konzept zu bewahren. Im Sinne dieses Vorhabens werden systematische Fehler den zufälligen Fehler formal gleichgestellt. Der Formalismus ist mathematisch selbstkonsistent, beschreibt indessen nicht das Verhalten stationärer Messapparaturen, mit der Konsequenz, letztlich an der Rückverfolgbarkeit, der Traceability, zu scheitern, [24].

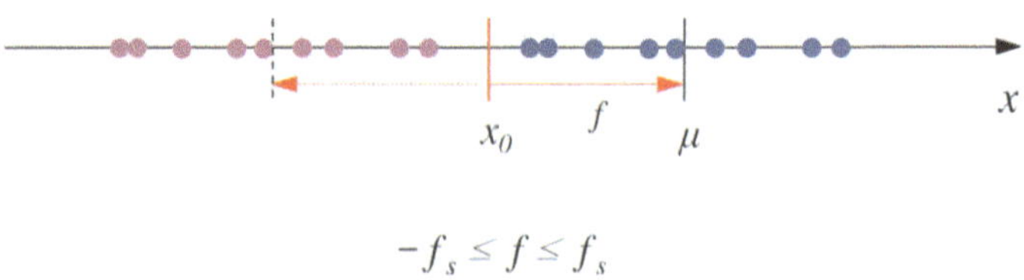

Abb. 2.2 Der unbekannte systematische Fehler f verschiebt Wiederholungsmessungen kollektiv bezüglich des wahren Wertes x_0, Richtung und Betrag der Verschiebung sind unbekannt

Aus Gründen der Zweckmäßigkeit kleiden wir (2.7) in eine Identität,

$$x_l = x_0 + (x_l - \mu) + f \; ; \quad l = 1, 2, \ldots, n \, . \tag{2.8}$$

Summieren über l und Dividieren durch n liefert

$$\bar{x} = x_0 + (\bar{x} - \mu) + f \, . \tag{2.9}$$

Abbildung 2.3 veranschaulicht das veränderte metrologische Szenario. Die durchgezogene Linie links zeigt die glockenförmige Verteilungsdichte normalverteilter Messwerte. Die Gestalt der Dichte ist durch Streuzentrum μ und Standardabweichung σ definiert. Letztere ist ein Maß für die Streubreite der Messdaten. Die Abszissen $\pm\,\sigma$ markieren die Wendepunkte der Glockenkurve. Die Kreuze symbolisieren eine beispielhaft aus hinreichend vielen normalverteilten Messdaten extrahierte empirische Verteilungsdichte.

Rechts ist das den wahren Wert x_0 lokalisierende, sich von $\mu - f_s$ bis $\mu + f_s$ erstreckende Intervall dargestellt. Es macht deutlich, dass sich wahrer Wert x_0 und Streuzentrum μ um den aktuellen, unbekannten Wert f des systematischen Fehlers unterscheiden. Letzterer liegt an irgendeiner Stelle des Intervalls $-f_s \; \ldots \; f_s$.

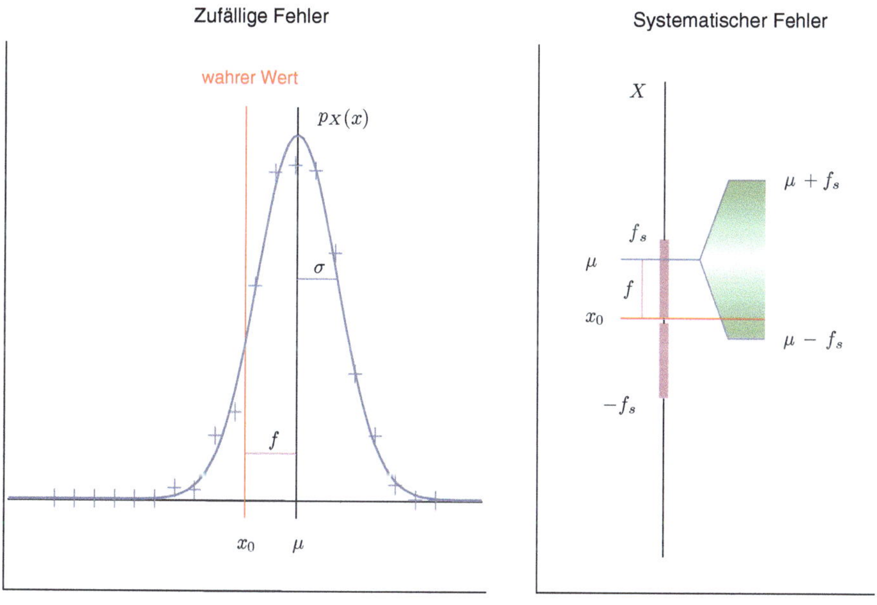

Abb. 2.3 Fehlermodell einer stationär arbeitenden Messapparatur. *Links*: normale Verteilungsdichte, Streuzentrum μ und wahrer Wert x_0 unterscheiden sich um den systematischen Fehler f. *Rechts*: Lokalisierung des wahren Wertes x_0 durch das Intervall $\mu - f_s \ldots \mu + f_s$

3 Quantifizierung des Messprozesses

Die Quantifizierung des Messprozesses stützt sich auf zufällige und zeitkonstante, nach Betrag und Vorzeichen unbekannte systematische Messfehler.

3.1 Standardabweichung

Streuzentrum μ und Streubreite σ der normalen Verteilungsdichte sind theoretisch definierte, dem Experimentator unzugängliche Größen. Er schätzt sie durch das arithmetische Mittel $\bar{x}$ und die empirischen Standardabweichung s^2. Letztere ist ihrem Wesen nach eine mittlere quadratische Schwankung. Die sich primär anbietende Definition

$$s^2 = \frac{1}{n}\sum_{l=1}^{n}(x_l - \mu)^2$$

ist praktisch nicht umsetzbar, da μ unbekannt ist. Umsetzbar ist erst

$$s^2 = \frac{1}{n-1}\sum_{l=1}^{n}(x_l - \bar{x})^2 \,. \tag{3.1}$$

Dass jetzt durch $n-1$ und nicht durch n zu dividieren ist, wird an späterer Stelle begründet werden. Die Äquivalenz beider Definitionen ist nur so gegeben. Je mehr sich x_l und $\bar{x}$ unterscheiden, desto stärker der jeweilige Einfluss auf s^2.

Die Differenz der Fehlergleichungen

$$x_l = x_0 + \varepsilon_l + f$$

$$\bar{x} = x_0 + \frac{1}{n}\sum_{l=1}^{n}\varepsilon_l + f$$

M. Grabe, *Grundriss der generalisierten Gauß'schen Fehlerrechnung*.
DOI 10.1007/978-3-642-17822-1, © Springer 2011

zeigt

$$x_l - \bar{x} = \varepsilon_l - \frac{1}{n}\sum_{l=1}^{n} \varepsilon_l \ . \tag{3.2}$$

Hiernach bringt die empirische Varianz ausschließlich zufällige Fehler zum Tragen. Ihre Wurzel

$$s = \sqrt{\frac{1}{n-1}\sum_{l=1}^{n}(x_l - \bar{x})^2} \, , \tag{3.3}$$

die sogenannte empirische Standardabweichung, ist ein erstes Maß zur Charakterisierung der Streubreite zufälliger Messfehler.

Im Gegensatz zu (2.6),

$$\mu = x_0 + f \ ,$$

macht die klassische Gauß'sche Fehlerrechnung keinen Unterschied zwischen Streuzentrum μ und wahrem Wert x_0. Gleiches gilt für den *GUM*. In diesem heute obsoleten Bild ist die empirische Standardabweichung ein Maß für die „Präzision“ einer Messung – was gelegentlich zu Irritationen führt: Die empirische Standardabweichung ist frei von systematischen Fehlern. Folglich charakterisiert sie nicht die Genauigkeit einer Messung, sondern lediglich das Streuverhalten zufälliger Fehler.

Nach (2.1) unterscheiden sich arithmetisches Mittel $\bar{x}$ und Streuzentrum μ durch eine Summe zufälliger Messfehler

$$\bar{x} = \mu + \frac{1}{n}\sum_{l=1}^{n} \varepsilon_l \ .$$

Damit bietet es sich an, die Lage des Parameters μ bezüglich des arithmetischen Mittels $\bar{x}$ mit Hilfe des Intervalls

$$\bar{x} - s \le \mu \le \bar{x} + s \tag{3.4}$$

zu schätzen. Natürlich ist diese klassische Aussage noch immer gültig, indessen hat sie nichts mit der Genauigkeit einer Messung zu tun.

Die Präzision einer Messung kennzeichnet allein die Streubreite der zufälligen Messfehler. Die Messgenauigkeit dagegen ist erst durch das Zusammenwirken zufälliger und systematischer Fehler gegeben.

3.2 Messunsicherheit

Das Zusammenfassen der Beziehungen

$$\bar{x} - s \le \mu \le \bar{x} + s$$

und

$$x_0 = \mu + f$$

führt zu einer ersten, physikalisch definierten Aussage über die mögliche Position des wahren Wertes x_0 bezüglich des arithmetischen Mittels $\bar{x}$,

$$\bar{x} - s - f_s \leq x_0 \leq \bar{x} + s + f_s \; . \tag{3.5}$$

Die Kennzeichnung der Messgenauigkeit setzt am wahren Wert x_0 und nicht am Streuzentrum μ an. Indessen bringt (3.5) noch nicht ganz das zum Ausdruck, was wir unter Messunsicherheit verstehen werden. Aber wir halten fest: Die Messunsicherheit kennzeichnet die Genauigkeit einer Messung. Je niedriger die Messunsicherheit, desto größer die Genauigkeit.

3.3 Präzision und Genauigkeit

Die Begriffe Präzision und Genauigkeit entsprechen den Definitionen Standardabweichung und Messunsicherheit. Letztlich aber sind das redundante Zuordnungen, die Anlass zu Missverständnissen geben könnten – Präzision und Genauigkeit liegen sowohl sprachlich als auch historisch dicht nebeneinander und werden gelegentlich gleichgesetzt. Dass sie metrologisch fundamental Verschiedenes bezeichnen, könnte so leicht übersehen werden.

Teil II
Werkzeugkasten

4 Kleinste-Quadrate-Schätzer

C. F. Gauß entwickelte die Methode der kleinsten Quadrate im Rahmen seiner Bemühungen, die Position eines von Giuseppe Piazzi entdeckten Himmelskörpers wiederaufzufinden – Piazzi hatte das Objekt, er nannte es *Ceres* (*Ferdinandea*), wieder aus den Augen verloren.

4.1 Geometrie des Ausgleichs

Nähern wir uns der Methode der kleinsten Quadrate an Hand eines physikalischen Analogons. In Abb. 4.1 falle paralleles Licht senkrecht auf einen Projektionsschirm. Halten wir einen Stab irgendwie schräg über den Schirm, so beobachten wir den in senkrechter Projektion erzeugten Schatten des Stabes. Diese senkrechte Projektion, die wir in den abstrakten Vektorraum übertragen werden, ist das Wesen der Methode der kleinsten Quadrate.

Bezeichne $\bar{\beta}$ den aus n Wiederholungsmessungen

$$x_1, x_2, \ldots, x_n$$

zu konstruierenden Schätzer. Da wir $\bar{\beta}$ noch nicht kennen, setzen wir

$$\begin{aligned} \beta &\approx x_1 \\ \beta &\approx x_2 \\ &\ldots \\ \beta &\approx x_n \, . \end{aligned} \tag{4.1}$$

Aus formalen Gründen fassen wir die rechts stehenden Beobachtungen zu einem Vektor

$$\boldsymbol{x} = \begin{pmatrix} x_1 \\ x_2 \\ \ldots \\ x_n \end{pmatrix}$$

M. Grabe, *Grundriss der generalisierten Gauß'schen Fehlerrechnung*.
DOI 10.1007/978-3-642-17822-1, © Springer 2011

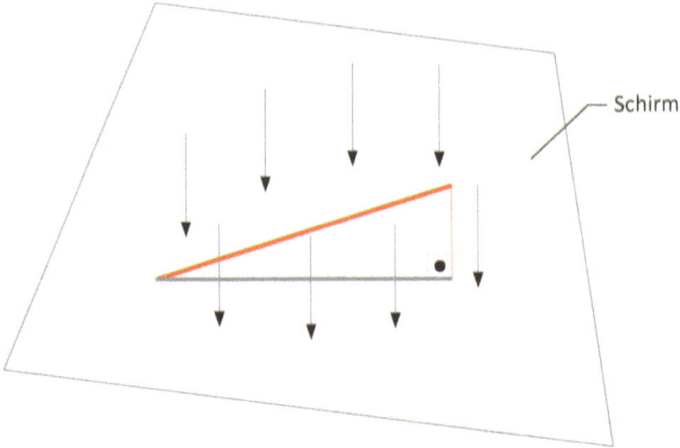

Abb. 4.1 Die Idee der Methode der kleinsten Quadrate, dargestellt als senkrechte Projektion eines schräg über einen Projektionsschirm gehaltenen Stabes

zusammen und definieren des Weiteren den n-komponentigen Hilfsvektor

$$\boldsymbol{a} = \underbrace{(1 \quad 1 \quad \cdots \quad 1)^{\mathrm{T}}}_{n} .$$

Wir haben dann

$$\beta \boldsymbol{a} \approx \boldsymbol{x} . \tag{4.2}$$

Wären die Beobachtungen fehlerfrei, ginge $\boldsymbol{x}$ in

$$\boldsymbol{x}_0 = \begin{pmatrix} x_0 \\ x_0 \\ \cdots \\ x_0 \end{pmatrix} = x_0 \boldsymbol{a}$$

über und (4.2) in

$$\beta \boldsymbol{a} = \boldsymbol{x}_0 , \tag{4.3}$$

sodass

$$\beta = x_0 .$$

Die Differenz der Vektoren $\boldsymbol{x}$ und $\boldsymbol{x}_0$ definiert den *Residuenvektor*,

$$\boldsymbol{r} = \boldsymbol{x} - \boldsymbol{x}_0 .$$

Nehmen wir an, wir besäßen einen Operator $\boldsymbol{P}$, der in der Lage sei, den Vektor $\boldsymbol{x}$ orthogonal auf den Vektor $\boldsymbol{a} \parallel \boldsymbol{x}_0$ zu projizieren, derart dass

$$\boldsymbol{a}\bar{\beta} = \boldsymbol{P}\boldsymbol{x} . \tag{4.4}$$

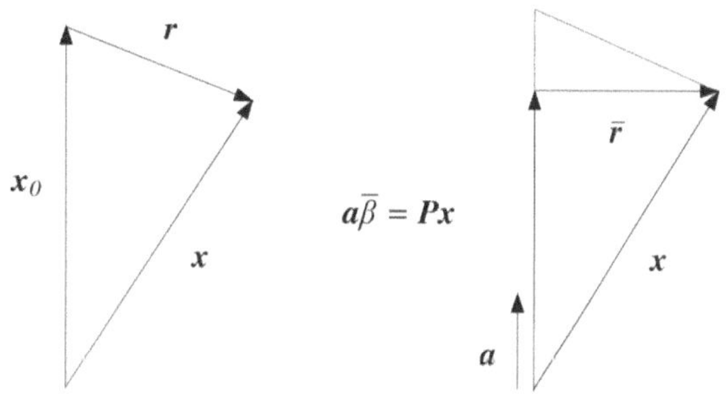

Abb. 4.2 *Links*: Vektor $\boldsymbol{x}$ der Beobachtungen, wahrer Lösungsvektor $\boldsymbol{x}_0$ und Residuenvektor $\boldsymbol{r}$. *Rechts*: Orthogonale Projektion $\boldsymbol{Px}$ des Vektors $\boldsymbol{x}$ auf den Vektor $\boldsymbol{a} \parallel \boldsymbol{x}_0$, Residuenvektor $\bar{\boldsymbol{r}} \perp \boldsymbol{a}$

Der Streckfaktor $\bar{\beta}$ mache die Vektoren gleich lang; Abb. 4.2. Wir fassen $\bar{\beta}$ als Kleinste-Quadrate-Schätzer des inkonsistenten Systems (4.1) auf. $\boldsymbol{P}$ nennen wir *Projektionsoperator* – wie er zu konstruieren ist, interessiere momentan nicht. Die orthogonale Projektion hat die Approximation (4.2) in eine Bestimmungsgleichung für den Streckfaktor $\bar{\beta}$ überführt.

Die Methode der kleinsten Quadrate zerlegt den Vektor $\boldsymbol{x}$ der Beobachtungen in die zueinander orthogonalen Vektoren

$$\boldsymbol{Px} \quad \text{und} \quad \bar{\boldsymbol{r}} = \boldsymbol{x} - \boldsymbol{a}\bar{\beta} \; .$$

Aus

$$\boldsymbol{a}^{\mathrm{T}}\bar{\boldsymbol{r}} = \boldsymbol{a}^{\mathrm{T}}(\boldsymbol{x} - \boldsymbol{a}\bar{\beta}) = 0 \; , \quad \text{d.h.} \quad \boldsymbol{a}^{\mathrm{T}}\boldsymbol{a}\,\bar{\beta} = \boldsymbol{a}^{\mathrm{T}}\boldsymbol{x} \tag{4.5}$$

finden wir

$$\bar{\beta} = (\boldsymbol{a}^{\mathrm{T}}\boldsymbol{a})^{-1}\boldsymbol{a}^{\mathrm{T}}\boldsymbol{x} \; . \tag{4.6}$$

Wie wir sehen, stimmt der Schätzer $\bar{\beta}$ mit dem arithmetischen Mittelwert

$$\bar{\beta} = \frac{1}{n}\sum_{l=1}^{n} x_l$$

überein. Wir beweisen:

Die orthogonale Projektion des Vektors $\boldsymbol{x}$ auf den Vektor $\boldsymbol{a} \parallel \boldsymbol{x}_0$ minimiert die Euklidische Norm des Residuenvektors $\boldsymbol{r}$.

Sei $\boldsymbol{r} = \boldsymbol{x} - \boldsymbol{a}\beta$ ein beliebiger Residuenvektor und bezeichne

$$\bar{\boldsymbol{r}} = \boldsymbol{x} - \boldsymbol{a}\bar{\beta}$$

den durch die orthogonale Projektion definierten Residuenvektor. Die Identität

$$\boldsymbol{r} = \boldsymbol{x} - \boldsymbol{a}\beta = (\boldsymbol{x} - \boldsymbol{a}\bar{\beta}) + \boldsymbol{a}(\bar{\beta} - \beta)$$

zeigt

$$\boldsymbol{r}^{\mathrm{T}}\boldsymbol{r} = \bar{\boldsymbol{r}}^{\mathrm{T}}\bar{\boldsymbol{r}} + \boldsymbol{a}^{\mathrm{T}}\boldsymbol{a}(\bar{\beta} - \beta)^2 \; ,$$

d. h.

$$\boldsymbol{r}^{\mathrm{T}}\boldsymbol{r} \geq \bar{\boldsymbol{r}}^{\mathrm{T}}\bar{\boldsymbol{r}} \ .$$

Dieses Resultat lässt sich auch der *Summe der quadrierten Residuen*

$$Q = (x_1 - \beta)^2 + (x_2 - \beta)^2 + \cdots + (x_n - \beta)^2$$

entnehmen – es genügt, Q nach β zu differenzieren.

Stellen wir abschließend den Projektionsoperator $\boldsymbol{P}$ formal dar. Multiplizieren von $\boldsymbol{a}^{\mathrm{T}}\boldsymbol{a}\,\bar{\beta} = \boldsymbol{a}^{\mathrm{T}}\boldsymbol{x}$ von links mit $\boldsymbol{a}(\boldsymbol{a}^{\mathrm{T}}\boldsymbol{a})^{-1}$ liefert

$$\boldsymbol{a}\,\bar{\beta} = \boldsymbol{a}(\boldsymbol{a}^{\mathrm{T}}\boldsymbol{a})^{-1}\boldsymbol{a}^{\mathrm{T}}\boldsymbol{x} \ ,$$

d. h.

$$\boldsymbol{P} = \boldsymbol{a}(\boldsymbol{a}^{\mathrm{T}}\boldsymbol{a})^{-1}\boldsymbol{a}^{\mathrm{T}} \ . \tag{4.7}$$

Im Rahmen dieses elementaren Beispiels haben sämtliche Elemente des Projektionsoperators denselben Wert $1/n$. Multiplizieren von (4.4) von links mit $\boldsymbol{a}^{\mathrm{T}}$ liefert

$$\boldsymbol{a}^{\mathrm{T}}\boldsymbol{a}\bar{\beta} = \boldsymbol{a}^{\mathrm{T}}\boldsymbol{P}\boldsymbol{x} = \boldsymbol{a}^{\mathrm{T}}\boldsymbol{x} \ , \quad \text{d. h.} \quad \bar{\beta} = \left(\boldsymbol{a}^{\mathrm{T}}\boldsymbol{a}\right)^{-1}\boldsymbol{a}^{\mathrm{T}}\boldsymbol{x} \ .$$

Der Kleinste-Quadrate Schätzer ist linear in den Eingangsdaten.

Die Methode der kleinsten Quadrate vollbringt keine Wunder: Sie ersetzt die in sich widersprüchliche Aussage

$$\beta\boldsymbol{a} \approx \boldsymbol{x}$$

durch die in sich konsistente Aussage

$$\boldsymbol{a}\bar{\beta} = \boldsymbol{P}\boldsymbol{x} \ ,$$

wobei der Residuenvektor $\bar{\boldsymbol{r}}$ „unter den Tisch fällt“. Basis der „Approximation“ ist die orthogonale Projektion – ein Trick, wenn man so will. Indessen, wenn Experimentatoren sich in die Rolle von Zauberern begeben, sollten sie achtsam sein: Orthogonales Projizieren unterscheidet in keiner Weise zwischen metrologisch bedingten Messfehlern und fatalen Überlegungsfehlern – die orthogonale Projektion behandelt beide formal gleichrangig. Die Methode der kleinsten Quadrate entbindet den Experimentator nicht von der Notwendigkeit, für die physikalische Richtigkeit seiner Überlegungen selbst zu sorgen.

In jedem Falle sollten wir einem Schätzer, der seine Entstehung einem Trick verdankt, mit Argwohn begegnen. – Dass der Trick mathematischer Natur ist, besagt noch nichts. In der Tat, die Methode der kleinsten Quadrate bliebe bedeutungslos, wären wir nicht in der Lage, dem Schätzer $\bar{\beta}$ eine Unsicherheit $u_{\bar{\beta}}$ zuzuweisen, die den wahren Wert $\beta_0 \equiv x_0$ der Messgröße „quasi-sicher“ lokalisiert. Erst die Aussage

$$\bar{\beta} - u_{\bar{\beta}} \leq \beta_0 \leq \bar{\beta} + u_{\bar{\beta}}$$

rechtfertigt das senkrechte Projizieren.

4.2 Ausgleich ohne Nebenbedingungen

Das Messproblem definiere ein System linearer Gleichungen,

$$\begin{aligned} a_{11}\beta_1 + a_{12}\beta_2 + \cdots + a_{1r}\beta_r &= x_1 \\ a_{21}\beta_1 + a_{22}\beta_2 + \cdots + a_{2r}\beta_r &= x_2 \\ \ldots \quad \ldots \quad \ldots \quad \ldots &\quad \ldots \\ a_{m1}\beta_1 + a_{m2}\beta_2 + \cdots + a_{mr}\beta_r &= x_m \; . \end{aligned}$$

Wir fassen die Koeffizienten a_{ik} zu einer $(m \times r)$ Matrix $\boldsymbol{A}$ zusammen, die Beobachtungen x_i zu einem $(m \times 1)$ Spaltenvektor $\boldsymbol{x}$ und die Unbekannten β_k zu einem $(r \times 1)$ Spaltenvektor $\boldsymbol{\beta}$,

$$\boldsymbol{A} = \begin{pmatrix} a_{11} & a_{12} & \ldots & a_{1r} \\ a_{21} & a_{22} & \ldots & a_{2r} \\ \ldots & \ldots & \ldots & \ldots \\ a_{m1} & a_{m2} & \ldots & a_{mr} \end{pmatrix}, \quad \boldsymbol{x} = \begin{pmatrix} x_1 \\ x_2 \\ \ldots \\ x_m \end{pmatrix}, \quad \boldsymbol{\beta} = \begin{pmatrix} \beta_1 \\ \beta_2 \\ \ldots \\ \beta_r \end{pmatrix}.$$

Dann stellt sich das lineare System in der Form

$$\boldsymbol{A}\boldsymbol{\beta} = \boldsymbol{x} \tag{4.8}$$

dar. Das messtechnische Problem legt den Aufbau der *Entwurfsmatrix* $\boldsymbol{A}$ fest. Setzen wir voraus, $\boldsymbol{A}$ habe den Rang r, $\text{rg}\,(\boldsymbol{A}) = r$.

Experimentelles Arbeiten zieht fehlerhafte rechte Seiten x_i; $i = 1, \ldots, m$ nach sich. Folglich haben wir an Stelle von (4.8) von

$$\boldsymbol{A}\boldsymbol{\beta} \approx \boldsymbol{x} \tag{4.9}$$

auszugehen. Die Beobachtungsfehler machen das lineare System in sich widersprüchlich. Es besitzt keinen Lösungsvektor. Dennoch können wir einen Vektor konstruieren, der das System im Sinne der Methode der kleinsten Quadrate „löst". Diesen so genannten Kleinste-Quadrate-Schätzer, bezeichnen wir ihn mit

$$\bar{\boldsymbol{\beta}} = (\bar{\beta}_1 \; \bar{\beta}_2 \; \ldots \; \bar{\beta}_r)^{\mathrm{T}} \; ,$$

sehen wir als „Lösungsvektor" des in sich widersprüchlichen Systems (4.9) an. Da er nicht exakt ist, weisen wir seinen Komponenten $\bar{\beta}_k$; $k = 1, \ldots, r$ Messunsicherheiten zu, die die Komponenten des unzugänglichen wahren Lösungsvektors lokalisieren. – Mehr ist nicht zu erreichen, aber das genügt uns. Damit das Verfahren funktioniert, benötigen wir eine Überbestimmung: die Zahl m der Beobachtungen muss größer sein als die Zahl r der Unbekannten

$$m > r \; .$$

Physikalisch gesehen ist der Kleinste-Quadrate-Schätzer $\bar{\boldsymbol{\beta}}$ nur sinnvoll, wenn das überbestimmte, in sich widersprüchliche lineare System (4.9) in wahren Werten lesbar ist. Bezeichne

$$\boldsymbol{x}_0 = (x_{0,1} \;\; x_{0,2} \;\; \cdots \;\; x_{0,m})^{\mathrm{T}}$$

den Vektor der wahren Eingangsdaten. Dann soll ein Vektor

$$\boldsymbol{\beta}_0 = (\beta_{0,1} \;\; \beta_{0,2} \;\; \cdots \;\; \beta_{0,r})^{\mathrm{T}}$$

der Eigenschaft

$$\boldsymbol{A}\boldsymbol{\beta}_0 = \boldsymbol{x}_0 \tag{4.10}$$

existieren. Ungeachtet der Überbestimmung $m > r$ liefert (4.10)

$$\boldsymbol{\beta}_0 = (\boldsymbol{A}^{\mathrm{T}}\boldsymbol{A})^{-1}\boldsymbol{A}^{\mathrm{T}}\boldsymbol{x}_0 \; .$$

Im Sinne der obigen Forderung sollen die Unsicherheiten $u_{\bar{\beta}_k}$ der $\bar{\beta}_k$ die wahren Werte $\beta_{0,k}$ lokalisieren,

$$\bar{\beta}_k - u_{\bar{\beta}_k} \leq \beta_{0,k} \leq \bar{\beta}_k + u_{\bar{\beta}_k} \; , \quad k = 1, \ldots, r \; .$$

Begeben wir uns jetzt in den m-dimensionalen Vektorraum. Die Entwurfsmatrix $\boldsymbol{A}$ definiert r voneinander linear unabhängige m-dimensionale Spaltenvektoren

$$\boldsymbol{a}_k = \begin{pmatrix} a_{1k} \\ a_{2k} \\ \cdots \\ a_{mk} \end{pmatrix} \; ; \quad k = 1, \ldots, r \; .$$

Die r Vektoren spannen den r-dimensionalen Spaltenraum der Matrix $\boldsymbol{A}$ auf. Letzterer ist Unterraum des m-dimensionalen Raumes. Das lineare System ist lösbar, sofern der Vektor $\boldsymbol{x}$ als lineare Kombination der Spaltenvektoren $\boldsymbol{a}_k$ darstellbar ist,

$$\beta_1 \begin{pmatrix} a_{11} \\ a_{21} \\ \cdots \\ a_{m1} \end{pmatrix} + \beta_2 \begin{pmatrix} a_{12} \\ a_{22} \\ \cdots \\ a_{m2} \end{pmatrix} + \cdots + \beta_r \begin{pmatrix} a_{1r} \\ a_{2r} \\ \cdots \\ a_{mr} \end{pmatrix} = \boldsymbol{x} \; .$$

Da $\boldsymbol{x}$ aufgrund der Messfehler außerhalb des Spaltenraumes von $\boldsymbol{A}$ liegt, ist das lineare System nicht lösbar – es existiert kein Satz $\beta_1, \beta_2, \ldots, \beta_r$, der in der Lage wäre, Gleichheit herzustellen.

Quantifizieren wir zunächst den Unterschied zwischen $\boldsymbol{A}\boldsymbol{\beta}$ und $\boldsymbol{x}$ mittels des Residuenvektors

$$\boldsymbol{r} = \boldsymbol{x} - \boldsymbol{A}\boldsymbol{\beta} \; .$$

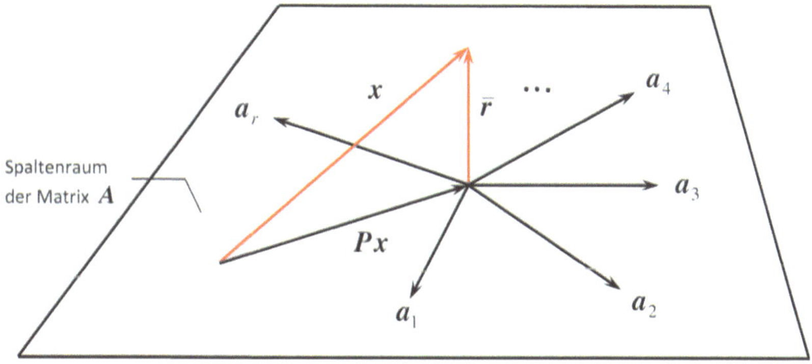

Abb. 4.3 Der Residuenvektor $\bar{\boldsymbol{r}}$ steht senkrecht auf dem von den Spaltenvektoren $\boldsymbol{a}_k$; $k = 1, \ldots, r$ aufgespannten r-dimensionalen Unterraum

Im Sinne kleinster Quadrate minimieren wir die Summe der Residuenquadrate. Hierzu projizieren wir den fehlerhaften Beobachtungsvektor $\boldsymbol{x}$ mittels eines Projektionsoperators $\boldsymbol{P}$ senkrecht in den Spaltenraum der Matrix $\boldsymbol{A}$, Abb. 4.3. Da die Projektion $\boldsymbol{Px}$ von $\boldsymbol{x}$ im Spaltenraum von $\boldsymbol{A}$ liegt, ist das lineare System

$$\boldsymbol{A}\bar{\boldsymbol{\beta}} = \boldsymbol{Px} \tag{4.11}$$

lösbar. Die Komponenten $\bar{\beta}_k$; $k = 1, \ldots, r$ des Vektors $\bar{\boldsymbol{\beta}}$ sind Streckfaktoren. Sie verlängern oder verkürzen die Spaltenvektoren $\boldsymbol{a}_k$ von $\boldsymbol{A}$, so dass (4.11) gültig sein kann. Wiederum ist der Vektor $\boldsymbol{x}$ der Beobachtungen in zwei zueinander orthogonale Vektoren zerlegt worden: In die Projektion $\boldsymbol{Px}$ und den Residuenvektor

$$\bar{\boldsymbol{r}} = \boldsymbol{x} - \boldsymbol{A}\bar{\boldsymbol{\beta}} \,. \tag{4.12}$$

Wegen $\boldsymbol{Px} \perp \bar{\boldsymbol{r}}$ haben wir

$$\boldsymbol{A}^{\mathrm{T}}\bar{\boldsymbol{r}} = \boldsymbol{0} \,.$$

Einsetzen von (4.12) liefert

$$\boldsymbol{A}^{\mathrm{T}}\boldsymbol{A}\bar{\boldsymbol{\beta}} = \boldsymbol{A}^{\mathrm{T}}\boldsymbol{x} \,.$$

Folglich ist

$$\bar{\boldsymbol{\beta}} = \boldsymbol{B}^{\mathrm{T}}\boldsymbol{x} \,; \qquad \boldsymbol{B} = \boldsymbol{A}(\boldsymbol{A}^{\mathrm{T}}\boldsymbol{A})^{-1} \tag{4.13}$$

der in Frage stehende Kleinste-Quadrate Schätzer. Faktisch hat die Methode der kleinsten Quadrate das nicht lösbare lineare System (4.9) durch das lösbare System (4.11) ersetzt.

Die explizite Gestalt des Projektionsoperators $\boldsymbol{P}$ ist nicht benötigt worden. Dennoch geben wir ihn an.[1] Es genügt, $\boldsymbol{A}^{\mathrm{T}}\boldsymbol{A}\bar{\boldsymbol{\beta}} = \boldsymbol{A}^{\mathrm{T}}\boldsymbol{x}$ von links mit $\boldsymbol{B}$ zu multipli-

[1] Projektionsoperatoren sind Konstrukte der Linearen Algebra. Die hier gegebene Darstellung von $\boldsymbol{P}$ ist heuristisch, [24, 37].

zieren,

$$A\,\bar{\boldsymbol{\beta}} = A\,(A^{\mathrm{T}}A)^{-1}A^{\mathrm{T}}\boldsymbol{x}\;,$$

d. h.

$$\boldsymbol{P} = A\,(A^{\mathrm{T}}A)^{-1}A^{\mathrm{T}}\;.$$

Wir zeigen, dass die Euklidische Norm irgendeines Residuenvektors $\boldsymbol{r} = \boldsymbol{x} - A\boldsymbol{\beta}$ nicht kleiner ist als die Euklidische Norm des durch die orthogonale Projektion definierten Residuenvektors (4.12). Die Identität

$$\boldsymbol{r} = \boldsymbol{x} - A\boldsymbol{\beta} = (\boldsymbol{x} - A\bar{\boldsymbol{\beta}}) + A(\bar{\boldsymbol{\beta}} - \boldsymbol{\beta})$$

zeigt die Euklidische Norm

$$\boldsymbol{r}^{\mathrm{T}}\boldsymbol{r} = \bar{\boldsymbol{r}}^{\mathrm{T}}\bar{\boldsymbol{r}} + (\bar{\boldsymbol{\beta}} - \boldsymbol{\beta})^{\mathrm{T}}A^{\mathrm{T}}A(\bar{\boldsymbol{\beta}} - \boldsymbol{\beta})\;.$$

Also ist

$$\boldsymbol{r}^{\mathrm{T}}\boldsymbol{r} \geq \bar{\boldsymbol{r}}^{\mathrm{T}}\bar{\boldsymbol{r}}\;.$$

Abbildung 4.4 unterstreicht nochmals, dass das lineare System den Fluss wahrer Werte sicherstellen muss, andernfalls läge ein metrologisch *schlecht definiertes Problem* vor. Der Ausgleich lieferte aber auch dann einen Kleinste-Quadrate Schätzer, denn mit $\mathrm{rg}(A) = r$ ist die Produktmatrix $(A^{\mathrm{T}}A)$ invertierbar. – Der Ausgleich nimmt dem Experimentator nicht die Verantwortung für die physikalische Richtigkeit seines Tuns ab.

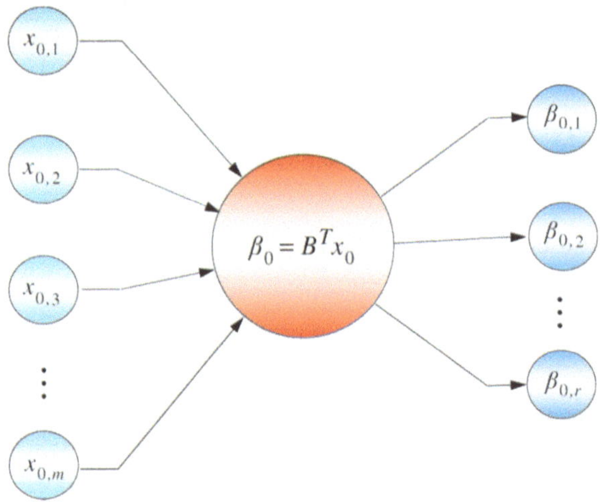

Abb. 4.4 Fluss wahrer Werte innerhalb eines physikalisch definierten linearen Systems $A\boldsymbol{\beta}_0 = \boldsymbol{x}_0$

4.3 Ausgleich mit Nebenbedingungen

Nebenbedingungen haben unterschiedliche Ursachen: Entweder sie unterwerfen den Lösungsvektor zusätzlicher Bedingungen oder sie kompensieren einen Rangabfall der Entwurfsmatrix. Dementsprechend unterscheiden wir die Fälle $\operatorname{rg}(\boldsymbol{A}) = r$ und $\operatorname{rg}(\boldsymbol{A}) < r$. Beginnen wir mit

$$\operatorname{rg}(\boldsymbol{A}) = r\ .$$

Unter dieser Voraussetzung ist der Kleinste-Quadrate-Schätzer $\bar{\boldsymbol{\beta}}$ des in sich widersprüchlichen linearen Systems

$$\boldsymbol{A}\boldsymbol{\beta} \approx \boldsymbol{x} \tag{4.14}$$

bereits definiert. Das ändert sich, wenn wir unterstellen, dem Experimentator lägen gewisse Nebenbedingungen vor, die der Kleinste-Quadrate-Schätzer $\bar{\boldsymbol{\beta}}$ zu erfüllen habe, und zwar exakt.

Nehmen wir an, die Nebenbedingungen seien linear und die sie implementierende $(q \times r)$ Matrix $\boldsymbol{H}$ habe den Rang q, $\operatorname{rg}(\boldsymbol{H}) = q$

$$\boldsymbol{H}\boldsymbol{\beta} = \boldsymbol{y}\ , \quad \operatorname{rg}(\boldsymbol{H}) = q\ . \tag{4.15}$$

Der neue Kleinste-Quadrate-Schätzer $\bar{\boldsymbol{\beta}}$ soll sowohl das System (4.14) ausgleichen als auch der Forderung

$$\boldsymbol{H}\bar{\boldsymbol{\beta}} = \boldsymbol{y} \tag{4.16}$$

genügen. Wie sich zeigen lässt, [24, 36], erfüllt

$$\begin{aligned}\bar{\boldsymbol{\beta}} &= \left(\boldsymbol{A}^{\mathrm{T}}\boldsymbol{A}\right)^{-1}\boldsymbol{A}^{\mathrm{T}}\boldsymbol{x} - \left(\boldsymbol{A}^{\mathrm{T}}\boldsymbol{A}\right)^{-1}\boldsymbol{H}^{\mathrm{T}}\left[\boldsymbol{H}\left(\boldsymbol{A}^{\mathrm{T}}\boldsymbol{A}\right)^{-1}\boldsymbol{H}^{\mathrm{T}}\right]^{-1} \\ &\quad \times \left[\boldsymbol{H}\left(\boldsymbol{A}^{\mathrm{T}}\boldsymbol{A}\right)^{-1}\boldsymbol{A}^{\mathrm{T}}\boldsymbol{x} - \boldsymbol{y}\right]\end{aligned} \tag{4.17}$$

eben diese Forderung.

Wenden wir uns nunmehr

$$\operatorname{rg}(\boldsymbol{A}) = r' < r$$

zu. Mittels $q = r - r'$ Nebenbedingungen

$$\boldsymbol{H}\boldsymbol{\beta} = \boldsymbol{y}\ ; \quad \operatorname{rg}(\boldsymbol{H}) = q \tag{4.18}$$

lässt sich

$$\bar{\boldsymbol{\beta}} = \left(\boldsymbol{A}^{\mathrm{T}}\boldsymbol{A} + \boldsymbol{H}^{\mathrm{T}}\boldsymbol{H}\right)^{-1}\left(\boldsymbol{A}^{\mathrm{T}}\boldsymbol{x} + \boldsymbol{H}^{\mathrm{T}}\boldsymbol{y}\right)\ . \tag{4.19}$$

zeigen, [14, 24]. Der so konstruierte Vektor gleicht das in sich widersprüchliche System (4.14) aus und genügt den Nebenbedingungen (4.18) exakt,

$$\boldsymbol{H}\bar{\boldsymbol{\beta}} = \boldsymbol{y}\ . \tag{4.20}$$

5 Zufallsvariable und Verteilungsdichten

Die Statistik interpretiert Wiederholungsmessungen als *Realisierungen* von Zufallsvariablen.

5.1 Zufallsvariable

Nehmen wir an, für die Messgröße x lägen Wiederholungsmessungen $x_1, x_2, x_3, \ldots$ vor. Wir ordnen x eine Zufallsvariable X zu und fassen die Wiederholungsmessungen als Realisierungen letzterer auf,

$$X = \{x_1,\ x_2,\ x_3,\ \ldots\}\,. \tag{5.1}$$

Nichtstetige Messgrößen, wie Zählraten radioaktiver Prozesse, setzen nichtstetige Zufallsvariable voraus, stetige Messgrößen, wie Spannungen, Ströme, Massen stetige Zufallsvariable. Im Folgenden werden wir uns auf stetige Messgrößen und stetige Zufallsvariable beschränken.

Gedanklich besitzt eine stetige Zufallsvariable unendlich viele, beliebig dicht nebeneinander liegende Realisierungen.[1] Da Wahrscheinlichkeiten konzeptionell zwischen 0 und 1 liegen, ist die Wahrscheinlichkeit der einzelnen Realisierung gleich Null. Um mit von Null verschiedenen Wahrscheinlichkeiten arbeiten zu können, müssen Gruppen von Realisierungen zusammengefasst werden. Seien a, b reelle Zahlen, dann ist die Wahrscheinlichkeit P, eine Realisierung von X im Intervall $a \ldots b$ zu finden, durch

$$P(a < X \leq b)$$

gegeben. Entsprechend ist

$$P(x < X \leq x + \mathrm{d}x)$$

[1] Das physikalische Auflösungsvermögen von Messgeräten ist immer endlich – die Realität kennt nur endlich viele, diskrete, voneinander verschiedene Messwerte. Wir sehen darüber hinweg und halten formal an der Vorstellung „unendlich feiner Auflösung“ fest.

M. Grabe, *Grundriss der generalisierten Gauß'schen Fehlerrechnung*.
DOI 10.1007/978-3-642-17822-1, © Springer 2011

die Wahrscheinlichkeit, eine Realisierung von X innerhalb des Intervalls $x \dots x + \mathrm{d}x$ infinitesimaler Länge $\mathrm{d}x$ zu finden. Wie groß die Wahrscheinlichkeiten aktuell sind, hängt von der statistischen Verteilung der Realisierungen ab.

5.2 Statistisches Ensemble

Nehmen wir an, wir verfügten nicht nur über eine Sequenz von n Wiederholungsmessungen

$$x_1, x_2, \dots, x_n \, , \tag{5.2}$$

sondern über beliebig viele, jeweils unter gleichen Bedingungen registrierter Sequenzen, die wir der besseren Übersicht halber untereinander geschrieben hätten,

$$\begin{array}{c} x_1^{(1)}, x_2^{(1)}, \dots, x_n^{(1)} \\ \\ x_1^{(2)}, x_2^{(2)}, \dots, x_n^{(2)} \\ \\ x_1^{(3)}, x_2^{(3)}, \dots, x_n^{(3)} \\ \\ \dots \end{array} \tag{5.3}$$

Wir unterstellen, das gedanklich konstruierte System von Messdaten sei durch Zufallsvariable $X_l^{(k)}$ generiert worden. Dabei liege jeder der Variablen derjenige Zufallsprozess zugrunde, den wir eingangs der Zufallsvariablen X zugewiesen hatten. Das gedankliche Ersetzen der real vorgegebenen Sequenz (5.1) durch beliebig viele hinzugedachte Sequenzen definiert ein *statistisches Ensemble* von Messwerten.

Das arithmetische Mittel

$$\bar{x} = \frac{1}{n} \sum_{l=1}^{n} x_l$$

ist Schätzer des Streuzentrums μ_x der normalen Verteilungsdichte. Das statistische Ensemble versetzt uns in die Lage, formal beliebig viele Schätzer

$$\bar{x}^{(k)} = \frac{1}{n} \sum_{l=1}^{n} x_l^{(k)} \, ; \quad k = 1, 2, 3, \dots$$

zu notieren, in Zufallsvariablen

$$\bar{X}^{(k)} = \frac{1}{n} \sum_{l=1}^{n} X_l^{(k)} \, .$$

Um die Nomenklatur übersichtlich zu halten, unterdrücken wir den hochgestellten Index k,

$$\bar{X} = \frac{1}{n} \sum_{l=1}^{n} X_l \; .$$

In der Gegenüberstellung von $\bar{x}$ und $\bar{X}$ wird eine Doppelfunktion des Schätzers „arithmetisches Mittel" sichtbar: $\bar{x}$ verknüpft realisierte Zufallsvariable und ist damit numerisch fixiert. $\bar{X}$ demgegenüber verknüpft Zufallsvariable und ist damit selbst eine Zufallsvariable. Eine ihrer Realisierungen stimmt mit $\bar{x}$ überein.

Diese Idee ist sinngemäß auf andere Schätzer übertragbar, beispielsweise auf die empirische Varianz

$$s_x^2 = \frac{1}{n-1} \sum_{l=1}^{n} (x_l - \bar{x})^2 \; ,$$

der wir formal die Zufallsvariable

$$S_x^2 = \frac{1}{n-1} \sum_{l=1}^{n} \left(X_l - \bar{X} \right)^2$$

zu weisen. Eine der Realisierungen von S_x^2 stimmt mit dem experimentell ermittelten s_x^2 überein – die übrigen dienen formalen Zwecken.

5.3 Empirische Verteilungsdichten

Eine Messgröße

Die Größe x sei N-mal gemessen worden,

$$x_1, x_2, x_3, \dots, x_N \; . \tag{5.4}$$

Bezeichne X die x entsprechende Zufallsvariable. Dann sind die x_l; $l = 1, \dots, N$ formal N Realisierungen von X.

Ist N hinreichend groß, kann der Experimentator den Zufallsprozess approximativ mittels einer *empirischen Verteilungsdichte* beschreiben. Hierzu zerlegt er den Streubereich der Wiederholungsmessungen lückenlos in eine angemessene Zahl von Intervallen der Breite Δx_k und bestimmt die Zahl ΔN_k der Messwerte, die er in den Intervallen

$$x_k \dots x_k + \Delta x_k \; ; \quad k = 1, \dots, r \tag{5.5}$$

findet. Dividieren durch N erzeugt zunächst die *relativen Häufigkeiten* oder *empirischen Wahrscheinlichkeiten*

$$P(x_k) = \frac{\Delta N_k}{N} \; ; \quad k = 1, \dots, r \; . \tag{5.6}$$

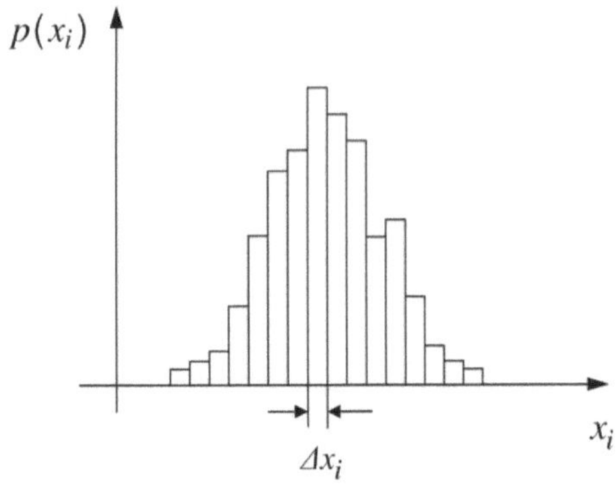

Abb. 5.1 Empirische Verteilungsdichte, eine Variable

Der zusätzliche Bezug auf Intervallbreiten definiert die *empirische Verteilungsdichte*

$$p(x_k) = \frac{\Delta N_k}{N \Delta x_k} \; ; \quad k = 1, \ldots, r \; . \tag{5.7}$$

Abbildung 5.1 zeigt eine Illustration. Nach allem ist $P(x_k) = p(x_k)\Delta x_k$ die empirische Wahrscheinlichkeit, dass eine Realisierung der Zufallsvariablen X in das Intervall $x_k \ldots x_k + \Delta x_k$ fällt. Aufsummieren der Wahrscheinlichkeiten zeigt

$$1 = \sum_{k=1}^{r} p(x_k)\Delta x_k \; . \tag{5.8}$$

Die Wahrscheinlichkeit, eine Realisierung von X innerhalb des Definitionsbereiches der empirischen Dichte zu finden, ist gleich 1.

Zwei Messgrößen

Die Größen x und y seien jeweils N-mal gemessen worden,

$$x_1, x_2, x_3, \ldots x_N \; ; \quad y_1, y_2, y_3, \ldots y_N \; . \tag{5.9}$$

Wir führen Zufallsvariable X und Y ein und betrachten die $x_l, y_{l'}; l, l' = 1, \ldots, N$ formal als deren Realisierungen.

Die zweidimensionale empirische Verteilungsdichte der Messwerte erhebt sich über der x, y-Ebene. Um eine anschauliche Vorstellung von der flächenhaften Verteilung der Messwerte zu haben, überzieht der Experimentator die Ebene mit einem hinreichend engen Gitter von Linien, parallel zur x-Achse in Abständen Δy_j und parallel zur y-Achse in Abständen Δx_i. Ist ΔN_{ij} die Zahl der in den lückenlos aneinanderstoßenden Rechtecken

$$x_i \ldots x_i + \Delta x_i \; ; \quad y_j \ldots y_j + \Delta y_j \; ; \quad i = 1, \ldots, r \; ; \quad j = 1, \ldots, r \tag{5.10}$$

liegenden Daten-Paare, so definiert

$$p\,(x_i, y_j) = \frac{\Delta N_{ij}}{N \Delta x_i \Delta y_j}\;; \quad i = 1, \ldots, r; \quad j = 1, \ldots, r \tag{5.11}$$

die zweidimensionale empirische Verteilungsdichte. Abbildung 5.2 zeigt eine Illustration. Nach allem ist

$$p\,(x_i, y_j)\Delta x_i \Delta y_j = \frac{\Delta N_{ij}}{N}\;; \quad i = 1, \ldots, r; \quad j = 1, \ldots, r \tag{5.12}$$

die empirische Wahrscheinlichkeit, dass eine Realisierung des Paares X, Y in das Rechteck $x_i \ldots x_i + \Delta x_i;\ y_j \ldots y_j + \Delta y_j$ fällt. Aufsummieren der Wahrscheinlichkeiten $P(x_i, y_j) = p\,(x_i, y_j)\Delta x_i\, \Delta y_j$ erzeugt

$$1 = \sum_{i=1, j=1}^{r} p\,(x_i, y_j)\Delta x_i\, \Delta y_j\ . \tag{5.13}$$

Die Wahrscheinlichkeit, eine Realisierung des Paares X, Y innerhalb des Definitionsbereiches der empirischen Dichte zu finden, ist gleich 1.

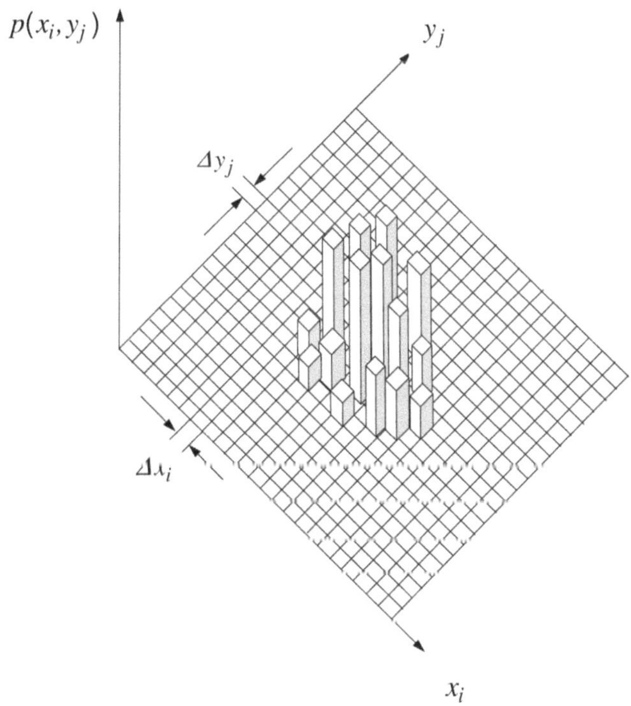

Abb. 5.2 Empirische Verteilungsdichte, zwei Variablen

5.4 Theoretische Verteilungsdichten

Die Definition theoretischer Verteilungsdichten setzt *Grundgesamtheiten* voraus. Letztere umfassen die Gesamtheit möglicher Versuchsergebnisse. In unserem Falle sollten das die konzeptionell unendlich vielen, unter gleichen Bedingungen registrierbaren Wiederholungsmessungen sein. Aus experimenteller Sicht bleiben Grundgesamtheiten fiktive, gedankliche Konstrukte. Das Auflösungsvermögen von Messapparaturen ist immer endlich, die Zahl voneinander verschiedener Messwerte dementsprechend begrenzt – nicht selten sogar ausgesprochen klein. Physikalisch stetige Variable sind im Bild des Experimentes notwendigerweise diskret. Dessenungeachtet benötigen wir theoretische Dichten. Sie modellieren den Messprozess im Sinne realen physikalischen Geschehens. Im Folgenden beschränken wir uns auf normalverteilte und approximativ normalverteilte Grundgesamtheiten.

6 Normalverteilte Grundgesamtheiten

Die Verteilungsdichten der Generalisierten Gauß'schen Fehlerrechnung beschränken sich auf normalverteilte (und approximativ normalverteilte) Grundgesamtheiten.

6.1 Normale Verteilungsdichten

Eine Variable

Eine stetige Zufallsvariable X, deren Realisierungen x der Verteilungsdichte

$$p_X(x) = \frac{1}{\sigma_x \sqrt{2\pi}} \exp\left(-\frac{(x-\mu_x)^2}{2\sigma_x^2}\right) \tag{6.1}$$

genügen, heißt normalverteilt, Abb. 6.1. Die Wahrscheinlichkeit, dass eine Realisierung von X in das Intervall $x \ldots x + \mathrm{d}x$ fällt ist durch

$$P(x < X \leq x + \mathrm{d}x) = p_X(x)\,\mathrm{d}x \tag{6.2}$$

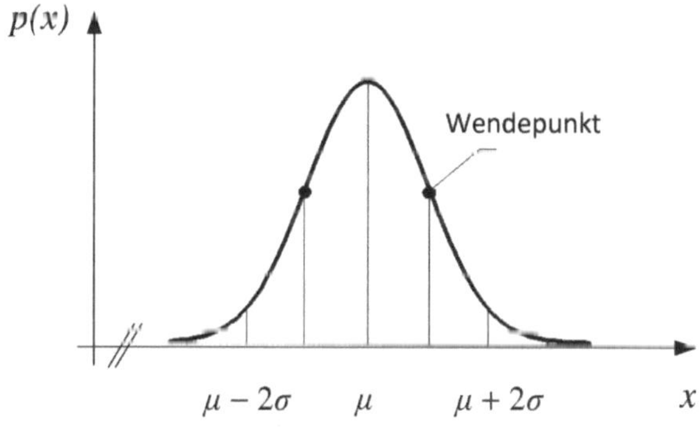

Abb. 6.1 Normale Verteilungsdichte

M. Grabe, *Grundriss der generalisierten Gauß'schen Fehlerrechnung*.
DOI 10.1007/978-3-642-17822-1,

gegeben. Der Parameter μ_x markiert die Lage des Streuzentrums, der Parameter σ_x legt die Breite der Streuung fest. Beide Parameter sind experimentell nicht bestimmbar. Sie sind schätzbar, ihre tatsächlichen Werte aber bleiben dem Experimentator prinzipiell verborgen. Naturgemäß schmälert dieser Umstand die Möglichkeit, die Dichte praktischen Anwendungen zuführen zu können. Dieser Gesichtspunkt hat W.S. Gosset dazu veranlasst, der normalen Dichte eine andere, den Bedürfnissen der Metrologie eher Rechnung tragende Verteilungsdichte zur Seite zu stellen.

Die Wahrscheinlichkeit, eine Realisierung von X im Intervall $a < X \leq b$ endlicher Breite zu finden ist nach (6.2)

$$P(a < X \leq b) = \int_a^b p_X(x)\,\mathrm{d}x\ .$$

Da die Realisierung von X irgendwo im Intervall $-\infty$ bis $+\infty$ liegen muss, haben wir

$$1 = \int_{-\infty}^{\infty} p_X(x)\,\mathrm{d}x\ .$$

Die Dichte (6.1) reproduziert ihre Parameter über die integralen Mittel

$$\mu_x = \int_{-\infty}^{\infty} x\, p_X(x)\,\mathrm{d}x \qquad (6.3)$$

und

$$\sigma_x^2 = \int_{-\infty}^{\infty} (x-\mu_x)^2 p_X(x)\,\mathrm{d}x\ . \qquad (6.4)$$

Zwei Variable

Die Verteilungsdichte zweier stetiger, normalverteilter Zufallsvariabler X und Y ist durch

$$p_{XY}(x,y)\,\mathrm{d}x\mathrm{d}y = \frac{1}{2\pi \mid \boldsymbol{\sigma} \mid^{1/2}} \exp\left(-\frac{1}{2\mid \boldsymbol{\sigma} \mid}\Big[\sigma_y^2(x-\mu_x)^2 - 2\sigma_{xy}(x-\mu_x)(y-\mu_y) + \sigma_x^2(y-\mu_y)^2\Big]\right)\mathrm{d}x\,\mathrm{d}y \qquad (6.5)$$

definiert. Der Punkt (μ_x, μ_y) markiert den Schwerpunkt der sich über der x, y-Ebene erhebenden Dichte. Die theoretischen Varianzen σ_x^2 und σ_y^2 legen die Streubreiten der Zufallsvariablen X und Y fest. Die theoretische Kovarianz σ_{xy} quantifiziert den Grad der wechselseitigen Abhängigkeit der Zufallsvariablen X und Y.

Zweckmäßigerweise fassen wir σ_x^2, σ_{xy}, σ_y^2 zu einer Varianz-Kovarianz Matrix zusammen. Setzen wir hierzu

$$\sigma_x^2 \equiv \sigma_{xx} \quad \text{und} \quad \sigma_y^2 \equiv \sigma_{yy} \ . \tag{6.6}$$

Per definitionem gilt $\sigma_{xy} = \sigma_{yx}$. Damit haben wir

$$\boldsymbol{\sigma} = \begin{pmatrix} \sigma_{xx} & \sigma_{xy} \\ \sigma_{yx} & \sigma_{yy} \end{pmatrix} ; \quad |\boldsymbol{\sigma}| = \sigma_{xx}\sigma_{yy} - \sigma_{xy}^2 \ . \tag{6.7}$$

Da die σ_{xx}, σ_{xy}, σ_{yy} theoretisch definiert sind, bezeichnen wir $\boldsymbol{\sigma}$ als *theoretische Varianz-Kovarianz Matrix*. Im Rahmen unserer Formalismen beschränken wir uns auf positiv definite Varianz-Kovarianz Matrizen. In wenigen Spezialfällen werden wir allerdings auch positiv semi-definite Matrizen dieses Typs zulassen, was aus experimenteller Sicht indessen keinerlei Folgen nach sich zieht.

Die Verteilungsdichte (6.5) legt die Wahrscheinlichkeit

$$P(x < X \le x + \mathrm{d}x \, , \; y < Y \le y + \mathrm{d}y) = p_{XY}(x, y)\, \mathrm{d}x\, \mathrm{d}y \tag{6.8}$$

fest, eine Realisierung der Variablen X im Intervall $x \ldots x + \mathrm{d}x$ und eine Realisierung der Variablen Y im Intervall $y \ldots y + \mathrm{d}y$ zu finden, d. h. dass die Realisierung des Paares (X, Y) in das Rechteck $x \ldots x + \mathrm{d}x$, $y \ldots y + \mathrm{d}y$ fällt.

Für Intervalle endlicher Ausdehnungen $a \ldots b$ und $c \ldots d$ haben wir

$$P(a < X \le b, c < Y \le d) = \int_a^b \int_c^d p_{XY}(x, y)\, \mathrm{d}x\, \mathrm{d}y \ .$$

Betrachten wir die gesamte x, y-Ebene, so wird

$$1 = \int_{-\infty}^{\infty} \int_{-\infty}^{\infty} p_{XY}(x, y)\, \mathrm{d}x\, \mathrm{d}y \ .$$

Integration über x reduziert die zweidimensionale Dichte auf die eindimensionale Dichte $p_Y(y)$ der Zufallsvariablen Y. Entsprechendes gilt für Integration über y,

$$p_Y(y) = \int_{-\infty}^{\infty} p_{XY}(x, y)\, \mathrm{d}x \ , \quad p_X(x) = \int_{-\infty}^{\infty} p_{XY}(x, y)\, \mathrm{d}y \ . \tag{6.9}$$

Sind die Messreihen unabhängig voneinander, so zerfallt die zweidimensionale Dichte in das Produkt zweier eindimensionaler Dichten,

$$p_{XY}(x, y) = p_X(x)\, p_Y(y) \ . \tag{6.10}$$

Die Dichte (6.5) reproduziert ihre Parameter $\sigma_x^2, \sigma_{xy}, \sigma_y^2$ über integrale Mittel. Die theoretische Varianz σ_x^2 ist durch

$$\sigma_x^2 = \int_{-\infty}^{\infty}\int_{-\infty}^{\infty} (x-\mu_x)^2 p_{XY}(x,y)\,\mathrm{d}x\,\mathrm{d}y$$
$$= \int_{-\infty}^{\infty} (x-\mu_x)^2\,\mathrm{d}x \int_{-\infty}^{\infty} p_{XY}(x,y)\,\mathrm{d}y = \int_{-\infty}^{\infty} (x-\mu_x)^2 p_X(x)\,\mathrm{d}x \qquad (6.11)$$

gegeben und die theoretische Kovarianz σ_{xy} durch

$$\sigma_{xy} = \int_{-\infty}^{\infty}\int_{-\infty}^{\infty} (x-\mu_x)(y-\mu_y) p_{XY}(x,y)\,\mathrm{d}x\,\mathrm{d}y\,. \qquad (6.12)$$

Wie sich zeigen lässt, ist σ_{xy} durch

$$-\sigma_x\sigma_y < \sigma_{xy} < \sigma_x\sigma_y \qquad (6.13)$$

begrenzt, [24].

Sind die Zufallsvariablen X und Y voneinander unabhängig, gilt also (6.10), so verschwindet die theoretische Kovarianz,

$$\sigma_{xy} = \int_{-\infty}^{\infty} (x-\mu_x) p_X(x)\,\mathrm{d}x \int_{-\infty}^{\infty} (y-\mu_y) p_Y(y)\,\mathrm{d}y = 0\,. \qquad (6.14)$$

6.2 Dichte der empirischen Momente zweiter Ordnung

Die empirische Varianz (3.1) ist das Gegenstück der theoretischen Varianz (6.4). Ähnlich ist die empirische Kovarianz

$$s_{xy} = \frac{1}{n-1}\sum_{l=1}^{n}(x_l-\bar{x})(y_l-\bar{y}) \qquad (6.15)$$

Gegenstück der theoretischen Kovarianz (6.12). Die empirischen Varianzen und die empirische Kovarianz werden als empirische Momente zweiter Ordnung bezeichnet. Wir fassen sie analog (6.7) zu einer empirischen Varianz-Kovarianz Matrix zusammen. Mit

$$s_x^2 \equiv s_{xx}\,, \quad s_{xy} = s_{yx}\,, \quad s_y^2 \equiv s_{yy} \qquad (6.16)$$

haben wir

$$\boldsymbol{s} = \begin{pmatrix} s_{xx} & s_{xy} \\ s_{yx} & s_{yy} \end{pmatrix}\;; \quad |\,\boldsymbol{s}\,| = s_{xx}s_{yy} - s_{xy}^2\,. \qquad (6.17)$$

Von Ausnahmen abgesehen lassen wir nur solche Kombinationen s_x^2, s_{xy}, s_y^2 zu, die positiv definite empirische Varianz-Kovarianzen Matrizen $\boldsymbol{s}$ erzeugen.

Nach R.A. Fisher [35] ist die Dichte der empirischen Momente zweiter Ordnung durch

$$\begin{aligned} p_2\left(s_x^2, s_{xy}, s_y^2\right) &= \frac{(n-1)^{n-1}}{4\pi\Gamma(n-2)|\boldsymbol{\sigma}|^{(n-1)/2}}\left[s_x^2 s_y^2 - s_{xy}^2\right]^{(n-4)/2} \\ &\quad\times \exp\left(-\frac{n-1}{2|\boldsymbol{\sigma}|} h\left(s_x^2, s_{xy}, s_y^2\right)\right) ; \qquad (6.18) \\ h\left(s_x^2, s_{xy}, s_y^2\right) &= \sigma_y^2 s_x^2 - 2\,\sigma_{xy} s_{xy} + \sigma_x^2 s_y^2 \end{aligned}$$

gegeben. Sie gilt für normalverteilte Zufallsvariable X und Y, seien sie voneinander abhängig oder nicht. Dieser letztere Umstand ist für die Interpretation und Handhabung empirischer Kovarianzen von grundsätzlicher Bedeutung.

Nehmen wir an, X und Y seien unabhängig voneinander. Dann verschwindet die theoretische Kovarianz (6.12), keineswegs aber die empirische Kovarianz (6.15),

$$\sigma_{xy} = 0 \quad \text{aber} \quad s_{xy} \neq 0 \, .$$

Der aktuelle Wert s_{xy} hängt von den jeweils einfließenden Datensätzen ab, analog (6.13) gilt

$$-s_x s_y < s_{xy} < s_x s_y \, . \qquad (6.19)$$

Bemerkenswerterweise zeigt (6.18): Selbst wenn die Messreihen für x und y voneinander unabhängig sind, d. h. σ_{xy} verschwindet, faktorisiert die Dichte nicht, zerfällt also nicht in das Produkt zweier Dichten. Vielmehr besteht auch dann noch eine Abhängigkeit zwischen den empirischen Momenten s_x^2, s_{xy}, s_y^2. Das mag paradox erscheinen, ist aber seitens (6.18) so festlegt.

Die Auffassung, im Falle $\sigma_{xy} = 0$ sei die empirische Kovarianz s_{xy} bedeutungslos und dürfe folglich vernachlässigt werden, entbehrt der Grundlage. Vielmehr unterstreicht die wechselseitige Abhängigkeit der empirischen Momente zweiter Ordnung:

Das zweidimensionale Modell normalverteilter Zufallsvariabler verlangt die Mitnahme der empirischen Kovarianz gleichgültig, ob die Zufallsvariablen voneinander abhängen oder nicht. Das Vernachlässigen empirischer Kovarianzen verletzt ein in sich wohldefiniertes mathematisches Modell.

Diese Überlegungen gelten nicht nur für zwei, sondern für beliebig viele Messreihen $x, y, z, \ldots$. Bleiben wir zunächst aber bei zwei Variablen oder Messreihen.

Die Mitnahme der empirischen Kovarianz verlangt gleich viele Wiederholungsmessungen in x und y, da andernfalls „überzählige" Messungen entweder in x oder y vorlägen. Experimentatoren sind gewohnt, unabhängig voneinander zu arbeiten. Sind die Messdaten zu verschiedenen Zeiten in verschiedenen Laboratorien aufgezeichnet worden, so stellt sich die Forderung nach gleich vielen Wiederholungsmessungen als problematisch dar. Dessenungeachtet erweist sich die Forderung nach gleich vielen Wiederholungsmessungen als vorteilhaft, eröffnet sie doch die Möglichkeit, die Einflussnahme fortgepflanzter zufälliger Messfehler über Student'sche Vertrauensbereiche zum Tragen zu bringen – ein für die Verlässlichkeit von Messunsicherheiten fundamentaler Aspekt.

Wir bezeichnen gleich viele Wiederholungsmessungen als *wohldefinierte Messbedingungen*.

6.3 Student'sche Dichte

Setzen wir voraus, die Zufallsvariablen $X_1, X_2, \ldots, X_n$ seien unabhängig voneinander und normalverteilt. W.S. Gosset definierte eine Zufallsvariable der Form

$$T = \frac{\bar{X} - \mu_x}{S_x/\sqrt{n}}\,, \tag{6.20}$$

in der

$$\bar{X} = \frac{1}{n}\sum_{l=1}^{n} X_l \quad \text{und} \quad S_x = \sqrt{\frac{1}{n-1}\sum_{l=1}^{n}\left(X_l - \bar{X}\right)^2}$$

das arithmetische Mittel und die empirische Standardabweichung bezeichnen. Wie Gosset zeigte, genügen die Realisierungen t von T der Verteilungsdichte

$$p_T(t,\nu) = \frac{\Gamma\left(\frac{\nu+1}{2}\right)}{\sqrt{\pi\nu}\,\Gamma\left(\frac{\nu}{2}\right)} \frac{1}{\left(1 + \frac{t^2}{\nu}\right)^{(\nu+1)/2}}\,; \quad \nu = n - 1 \geq 1\,. \tag{6.21}$$

Gosset publizierte diese für die Metrologie fundamentale Dichte unter dem Pseudonym „Student", [1].

Der Parameter $\nu = n - 1$ heißt *Freiheitsgrad*. Je größer ν, desto schmaler die Dichte. Im Grenzfall $\nu \to \infty$ geht (6.21) in die normale Dichte (6.1) über, Abb. 6.2.

Die Wahrscheinlichkeit, eine Realisierung t von T in einem Intervall infinitesimaler Länge $t \ldots t + \mathrm{d}t$ zu finden, ist durch

$$P(t < T \leq t + \mathrm{d}t) = p_T(t,\nu)\,\mathrm{d}t$$

gegeben. Ist das Intervall von endlicher Länge, so haben wir

$$P(a < T \leq b) = \int_a^b p_T(t,\nu)\,\mathrm{d}t\,; \quad \nu = n - 1\,. \tag{6.22}$$

Dem Experimentator stehen Realisierungen $\bar{x}$ und s_x der Zufallsvariablen $\bar{X}$ und S_x zur Verfügung. Wie wir zeigen werden, versetzt (6.20) den Experimentator in die Lage, den unbekannten Parameter μ_x mittels eines *Konfidenzintervalls* zu schätzen.

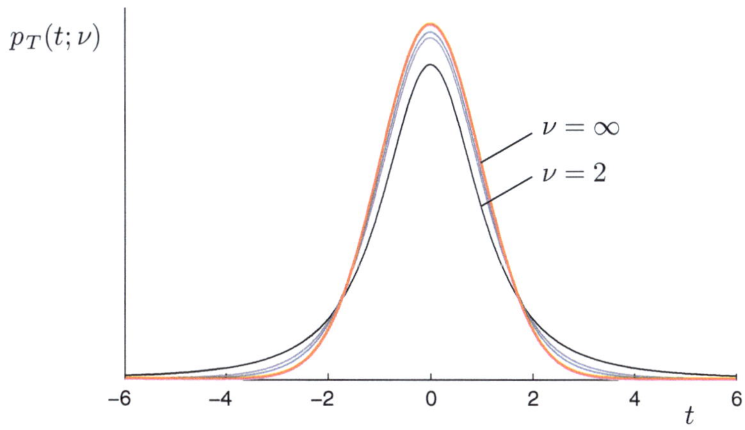

Abb. 6.2 Student'sche Verteilungsdichte für $\nu = 2, 6, 10, \infty$

Gosset hat die Variable T auf die Bedürfnisse der Metrologie zugeschnitten – hierauf beruht die immense Nützlichkeit seiner Idee. In [24] ist gezeigt worden, dass neben (6.20) auch die Zufallsvariable

$$T(\nu) = \frac{X - \mu_x}{S_x} \tag{6.23}$$

der Student'schen Dichte genügt.

6.4 Hotelling'sche Dichte

Die Hotelling'sche Dichte ist das mehrdimensionale Analogon der Student'schen Dichte. Formal gesehen stützen sich beide auf eine t-Variable. Das Student'sche t definiert sich über genau ein arithmetisches Mittel aus n Wiederholungsmessungen. Demgegenüber bezieht sich das Hotelling'sche t auf m arithmetische Mittel, jedes jeweils n Wiederholungsmessungen umfassend. Für $m = 2$ haben wir

$$p_T(t;2,n-1) = \frac{2\,\Gamma(n/2)}{(n-1)\Gamma[(n-2)/2]}\,\frac{t}{\left[1+t^2/(n-1)\right]^{n/2}}$$

$$t > 0\,, \quad n > 2\,. \tag{6.24}$$

Das Hotelling'sche t definiert eine im Punkte μ_x, μ_y zentrierte Ellipse

$$t^2(2,n-1) = \frac{n}{|\,s\,|}\left[s_{yy}(\bar{x}-\mu_x)^2 - 2s_{xy}(\bar{x}-\mu_x)(\bar{y}-\mu_y) + s_{xx}(\bar{y}-\mu_y)^2\right]\,, \tag{6.25}$$

deren aktuelle Gestalt durch die empirischen Momente zweiter Ordnung s_{xx}, s_{xy} und s_{yy}, d. h. durch die empirische Varianz-Kovarianz Matrix

$$s = \begin{pmatrix} s_{xx} & s_{xy} \\ s_{yx} & s_{yy} \end{pmatrix} \; ; \quad |s| = s_{xx}s_{yy} - s_{xy}^2 \tag{6.26}$$

gegeben ist. Hotelling folgend, lassen wir ausschließlich Tripel s_{xx}, s_{xy}, s_{yy} zu, die positiv definite Matrizen s realisieren.

Abbildung 6.3 zeigt den Verlauf der Hotelling'schen Dichte für $m = 2$ und $n = 10$. Nach allem ist

$$P(t < T \le t + \mathrm{d}t) = p_T(t; 2, n-1)\,\mathrm{d}t \tag{6.27}$$

die Wahrscheinlichkeit, eine Realisierung der Zufallsvariable

$$T(2, n-1) = \sqrt{\frac{n}{|\,S\,|}\left[S_{yy}(\bar{X}-\mu_x)^2 - 2S_{xy}(\bar{X}-\mu_x)(\bar{Y}-\mu_y) + S_{xx}(\bar{Y}-\mu_y)^2\right]} \tag{6.28}$$

im Intervall $t \dots t + \mathrm{d}t$ zu finden. Entsprechend ist die Wahrscheinlichkeit des Ereignisses $T \le t_P(2, n-1)$ durch

$$P\{T \le t_P(2, n-1)\} = \int\limits_0^{t_P(2,n-1)} p_T(t; 2, n-1)\,\mathrm{d}t \tag{6.29}$$

gegeben. Bemerkenswerterweise geht die Hotelling'sche Dichte für $m = 1$ in die Student'sche Dichte über.

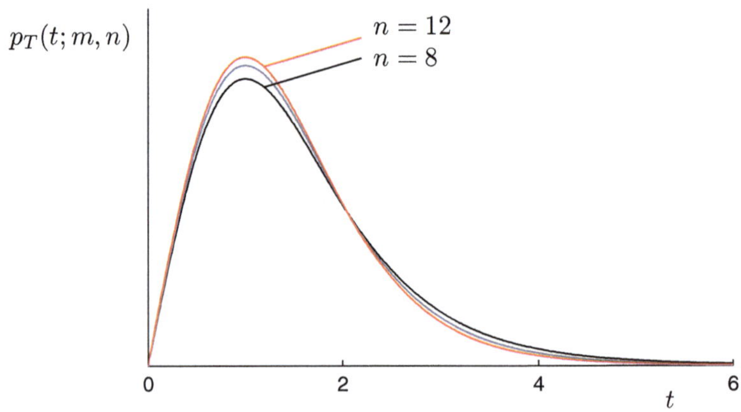

Abb. 6.3 Hotelling'sche Dichte für $m = 2$ Variable und $n = 8, 10, 12$ Wiederholungsmessungen

7 Erwartungswerte empirischer Schätzer

Schätzer sind sowohl in Messwerten als auch in Zufallsvariablen lesbar.

7.1 Einzelmessungen

Prinzipiell ist schon jede der Einzelmessungen

$$x_1, x_2, x_3, \ldots$$

Schätzer der in Frage stehenden Zielgröße. Werden die $x_l;\ l = 1, 2, 3, \ldots$ als Realisierungen einer stetigen Zufallsvariable

$$X = \{x_1, x_2, x_3, \ldots\}$$

interpretiert, so fällt ihr integrales Mittel, der Erwartungswert

$$E\{X\} = \int_{-\infty}^{\infty} x \, p_X(x) \, \mathrm{d}x \ , \tag{7.1}$$

mit dem Streuzentrum μ_x der normalen Dichte zusammen,

$$E\{X\} = \mu_x \ .$$

Wie immer bei Erwartungswerten treten im Integranden die Realisierungen x von X auf, gewichtet mit den zugehörigen Wahrscheinlichkeiten $p_X(x)\,\mathrm{d}x$.

Jede der Realisierungen $x_1, x_2, x_3, \ldots$ der Zufallsvariablen X schätzt den Parameter μ_x. Da $E\{X\}$ mit dem zu schätzenden Parameter μ_x übereinstimmt, ist X *erwartungstreu* bezüglich des Parameters μ_x.

M. Grabe, *Grundriss der generalisierten Gauß'schen Fehlerrechnung*.
DOI 10.1007/978-3-642-17822-1, © Springer 2011

Für die theoretische Varianz σ_x^2 sind unterschiedliche Schätzer gebräuchlich, entweder

$$s_x^2 = \frac{1}{n-1}\sum_{l=1}^{n}(x_l - \bar{x})^2 \quad \text{oder} \quad \hat{s}_x^2 = \frac{1}{n}\sum_{l=1}^{n}(x_l - \bar{x})^2 \, .$$

Wir werden zeigen, dass ersterer erwartungstreu bezüglich σ_x^2 ist, letzterer hingegen nicht – vielmehr ist $\hat{s}_x^2$ bezüglich σ_x^2 vorbelastet oder „biassed".

Wir übertragen diese der Statistik entlehnte Terminologie auf das Nicht-Gauß'sche Szenario: Der Erwartungswert $E\{X\}$ ist wohl erwartungstreu bezüglich des Parameters μ_x, hingegen vorbelastet oder „biassed" bezüglich des wahren Wertes x_0, da nach (2.6)

$$\mu_x = x_0 + f \; ; \quad -f_s \le f \le f_s$$

gilt. Das Nicht-Gauß'sche Szenario der Fehlerrechnung betrachtet den Parameter μ_x nur noch als Hilfsgröße. Die klassische Gauß'sche Fehlerrechnung und der GUM dagegen setzen μ_x mit dem wahren Wert der Messgröße gleich. Hier indessen wird die Situation so gesehen, dass μ_x seitens des aktuell wirksamen systematischen Fehlers f vom wahren Wert x_0 weggeschoben wird, wobei der Experimentator f innerhalb des Intervalls $-f_s \ldots f_s$ erwartet.

Aussage (7.1) ist auf Funktionen von Zufallsvariablen übertragbar. Wie in [29] gezeigt, ist der Erwartungswert der Zufallsvariablen $\varphi(X)$ durch

$$E\{\varphi(X)\} = \int_{-\infty}^{\infty} \varphi(x)\, p_X(x)\, \mathrm{d}x \tag{7.2}$$

gegeben und der Erwartungswert der Zufallsvariablen $\phi(X, Y)$ durch

$$E\{\phi(X,Y)\} = \int_{-\infty}^{\infty}\int_{-\infty}^{\infty} \phi(x,y)\, p_{XY}(x,y)\, \mathrm{d}x\, \mathrm{d}y \, . \tag{7.3}$$

7.2 Arithmetisches Mittel

Wenden wir uns dem arithmetischen Mittel

$$\bar{x} = \frac{1}{n}\sum_{l=1}^{n} x_l \tag{7.4}$$

zu. Zunächst ersetzen wir die Messwerte x_l durch Zufallsvariable X_l,

$$\bar{X} = \frac{1}{n}\sum_{l=1}^{n} X_l \, . \tag{7.5}$$

Nach (7.3) haben wir

$$E\{\bar{X}\} = \frac{1}{n} \int_{-\infty}^{\infty} \cdots \int_{-\infty}^{\infty} (x_1 + x_2 + \cdots + x_n) \times p_{X_1 X_2 \ldots X_n}(x_1, x_2, \ldots, x_n) \, \mathrm{d}x_1 \, \mathrm{d}x_2 \cdots \mathrm{d}x_n \ . \tag{7.6}$$

Sind aufeinanderfolgende Messungen voneinander unabhängig, wovon wir ausgehen, liefert (6.10)

$$E\{\bar{X}\} = \frac{1}{n} \sum_{l=1}^{n} \int_{-\infty}^{\infty} x_l \, p_{X_l}(x_l) \, \mathrm{d}x_l = \mu_x \ . \tag{7.7}$$

Der Schätzer $\bar{X}$ ist erwartungstreu bezüglich des Parameters μ_x – nicht aber bezüglich des wahren Wertes x_0.

7.3 Empirische Varianzen

Im Folgenden betrachten wir quadratische Schwankungen der Zufallsvariablen X und $\bar{X}$.

(i) Beginnen wir mit dem Erwartungswert von

$$S_x^2 = \frac{1}{n} \sum_{l=1}^{n} (X_l - \mu_x)^2 \ . \tag{7.8}$$

Wir haben

$$E\{S_x^2\} = \frac{1}{n} E\left\{ \sum_{l=1}^{n} (X_l - \mu_x)^2 \right\} = \frac{1}{n} \sum_{l=1}^{n} E\left\{ (X_l - \mu_x)^2 \right\} \ .$$

Da

$$E\{(X_l - \mu_x)^2\} = \int_{-\infty}^{\infty} (x_l - \mu_x)^2 \, p_{X_l}(x_l) \, \mathrm{d}x = \sigma_x^2 \tag{7.9}$$

wird

$$E\{S_x^2\} = \sigma_x^2 \ .$$

Die Zufallsvariable S_x^2 ist erwartungstreu bezüglich des Parameters σ_x^2. Dieses Ergebnis überrascht nicht: Die Differenz $X_l - \mu_x$ enthält den systematischen Fehler f nicht, (2.7).

(ii) Wenden wir uns dem Erwartungswert von

$$(\bar{X} - \mu_x)^2$$

zu. Wir haben

$$E\{(\bar{X}-\mu_x)^2\} = E\left\{\left(\frac{1}{n}\sum_{l=1}^{n} X_l - \mu_x\right)^2\right\} = \frac{1}{n^2}E\left\{\left(\sum_{l=1}^{n}(X_l-\mu_x)\right)^2\right\}$$

$$= \frac{1}{n^2}\Big[E\{(X_1-\mu_x)^2\} + 2E\{(X_1-\mu_x)(X_2-\mu_x)\}$$

$$+\cdots+2E\{(X_{n-1}-\mu_x)(X_n-\mu_x)\} + E\{(X_n-\mu_x)^2\}\Big] .$$

Sind die Zufallsvariablen $X_1, X_2, \ldots, X_n$ voneinander unabhängig, so verschwinden die theoretischen Kovarianzen,

$$E\{(X_1-\mu_x)(X_2-\mu_x)\} = \int_{-\infty}^{\infty}\int_{-\infty}^{\infty}(x_1-\mu_x)(x_2-\mu_x)p_{X_1X_2}(x_1,x_2)\,\mathrm{d}x_1\,\mathrm{d}x_2$$

$$= \int_{-\infty}^{\infty}(x_1-\mu_x)p_{X_1}(x_1)\,\mathrm{d}x_1\int_{-\infty}^{\infty}(x_2-\mu_x)p_{X_2}(x_2)\,\mathrm{d}x_2 = 0 ,$$

$$E\{(X_2-\mu_x)(X_3-\mu_x)\} = 0 , \ldots , E\{(X_{n-1}-\mu_x)(X_n-\mu_x)\} = 0 .$$

Also wird

$$E\left\{(\bar{X}-\mu_x)^2\right\} = \frac{\sigma_x^2}{n} \equiv \sigma_{\bar{x}} . \tag{7.10}$$

(iii) Nach diesen Vorbereitungen bilden wir den Erwartungswert der empirischen Varianz

$$S_x^2 = \frac{1}{n-1}\sum_{l=1}^{n}(X_l-\bar{X})^2 . \tag{7.11}$$

Um zu betonen, wir betrachten die durch Messwerte dargestellte empirische Varianz

$$s_x^2 = \frac{1}{n-1}\sum_{l=1}^{n}(x_l-\bar{x})^2$$

als Realisierung von S_x^2. Wir haben

$$\sum_{l=1}^{n}(X_l-\bar{X})^2 = \sum_{l=1}^{n}\left[(X_l-\mu_x)-(\bar{X}-\mu_x)\right]^2$$

$$= \sum_{l=1}^{n}(X_l-\mu_x)^2 - 2(\bar{X}-\mu_x)\sum_{l=1}^{n}(X_l-\mu_x) + n(\bar{X}-\mu_x)^2$$

$$= \sum_{l=1}^{n}(X_l-\mu_x)^2 - n(\bar{X}-\mu_x)^2 .$$

Mit (7.9) und (7.10) finden wir

$$\begin{aligned} E\left\{S_x^2\right\} &= \frac{1}{n-1} E\left\{\sum_{l=1}^{n}(X_l-\mu_x)^2 - n(\bar{X}-\mu_x)^2\right\} \\ &= \frac{1}{n-1}\left(n\sigma_x^2 - n\frac{\sigma_x^2}{n}\right) = \sigma_x^2 \,. \end{aligned} \tag{7.12}$$

Die in (7.8) definierte Zufallsvariable nimmt auf den unbekannten Parameter μ_x Bezug; die Division durch n sorgt für Erwartungstreue. Definition (7.8) liegt näher als (7.11), indessen ist (7.8) experimentell nicht umsetzbar. Wollen wir, dass (7.11) erwartungstreu bezüglich der theoretischen Varianz σ_x^2 ist, müssen wir durch $(n-1)$ dividieren – die Division durch n genügt nicht.

7.4 Empirische Kovarianzen

(i) Nach (6.12) ist der Erwartungswert der Zufallsvariablen

$$S_{xy} = \frac{1}{n}\sum_{l=1}^{n}(X_l-\mu_x)(Y_l-\mu_y) \tag{7.13}$$

durch

$$E\{S_{xy}\} = \frac{1}{n}\sum_{l=1}^{n} E\left\{(X_l-\mu_x)(Y_l-\mu_y)\right\} = \frac{1}{n}\, n\,\sigma_{xy} = \sigma_{xy} \tag{7.14}$$

gegeben. S_{xy} ist erwartungstreu bezüglich des Parameters σ_{xy}.

(ii) Betrachten wir den Erwartungswert der Zufallsvariablen

$$(\bar{X}-\mu_x)(\bar{Y}-\mu_y)\,.$$

Wir haben

$$E\left\{(\bar{X}-\mu_x)(\bar{Y}-\mu_y)\right\} = \int_{-\infty}^{\infty}\int_{-\infty}^{\infty}(\bar{x}-\mu_x)(\bar{y}-\mu_y)\, p_{\bar{X}\bar{Y}}(x,y)\,\mathrm{d}x\,\mathrm{d}y\,.$$

Wegen

$$\begin{aligned} \bar{x}-\mu_x &= \frac{1}{n}\sum_{l=1}^{n} x_l - \mu_x = \frac{1}{n}\sum_{l=1}^{n}(x_l-\mu_x) \\ \bar{y}-\mu_y &= \frac{1}{n}\sum_{l=1}^{n} y_l - \mu_y = \frac{1}{n}\sum_{l=1}^{n}(y_l-\mu_y) \end{aligned}$$

wird

$$E\left\{(\bar{X}-\mu_x)(\bar{Y}-\mu_y)\right\} = \frac{1}{n^2}\int\limits_{-\infty}^{\infty}\cdots\int\limits_{-\infty}^{\infty}\sum_{l=1}^{n}(x_l-\mu_x)\sum_{l'=1}^{n}(y_{l'}-\mu_y) \times p_{X_1\ldots Y_n}(x_1,\ldots,y_n)\,\mathrm{d}x_1\ldots\mathrm{d}y_n\,,$$

d. h.

$$E\left\{(\bar{X}-\mu_x)(\bar{Y}-\mu_y)\right\} = \frac{\sigma_{xy}}{n} \equiv \sigma_{\bar{x}\bar{y}}\,, \tag{7.15}$$

da nur diejenigen Summanden einen Beitrag leisten, deren Faktoren gleiche Indizes tragen.

(iii) Aus experimenteller Sicht ist vor allem die empirische Kovarianz

$$s_{xy} = \frac{1}{n-1}\sum_{l=1}^{n}(x_l-\bar{x})(y_l-\bar{y}) \tag{7.16}$$

von Interesse. Wir stellen sie als Zufallsvariable dar,

$$S_{xy} = \frac{1}{n-1}\sum_{l=1}^{n}(X_l-\bar{X})(Y_l-\bar{Y})\,. \tag{7.17}$$

Der Erwartungswert ist

$$E\{S_{xy}\} = \frac{1}{(n-1)}E\left\{\sum_{l=1}^{n}(X_l-\bar{X})(Y_l-\bar{Y})\right\}\,.$$

Wir haben

$$\begin{aligned}\sum_{l=1}^{n}(X_l-\bar{X})(Y_l-\bar{Y}) &= \sum_{l=1}^{n}\left[(X_l-\mu_x)-(\bar{X}-\mu_x)\right]\left[(Y_l-\mu_y)-(\bar{Y}-\mu_y)\right]\\ &= \sum_{l=1}^{n}(X_l-\mu_x)(Y_l-\mu_y)+n(\bar{X}-\mu_x)(\bar{Y}-\mu_y)\\ &\quad-(\bar{X}-\mu_x)\sum_{l=1}^{n}(Y_l-\mu_y)-(\bar{Y}-\mu_y)\sum_{l=1}^{n}(X_l-\mu_x)\\ &= \sum_{l=1}^{n}(X_l-\mu_x)(Y_l-\mu_y)-n(\bar{X}-\mu_x)(\bar{Y}-\mu_y)\,.\end{aligned}$$

Mit (7.14) und (7.15) wird

$$(n-1)E\{S_{xy}\} = n\,\sigma_{xy} - n\,\frac{\sigma_{xy}}{n} = (n-1)\,\sigma_{xy}\,,$$

so dass

$$E\{S_{xy}\} = \sigma_{xy}\,. \tag{7.18}$$

Der empirische Schätzer (7.17) ist erwartungstreu bezüglich der theoretischen Kovarianz σ_{xy}.

Teil III
Messunsicherheiten linearer und linearisierter Schätzer

8 Verknüpfen von Messfehlern

Wahre Werte sind lediglich „quasi-sicher“ lokalisierbar.

8.1 Arithmetisches Mittel

Gegeben seien eine Sequenz von n Wiederholungsmessungen

$$x_1, x_2, x_3, \ldots, x_n \tag{8.1}$$

und das den systematischen Messfehler eingrenzende Intervall

$$-f_{s,x} \leq f \leq f_{s,x} \,. \tag{8.2}$$

Wir fragen nach der Unsicherheit $u_{\bar{x}}$ des arithmetischen Mittels

$$\bar{x} = \frac{1}{n} \sum_{l=1}^{n} x_l$$

bezüglich des wahren Wertes x_0,

$$\bar{x} - u_{\bar{x}} \leq x_0 \leq \bar{x} + u_{\bar{x}} \,.$$

Zufällige Messfehler

Bezeichne

$$s_x^2 = \frac{1}{n-1} \sum_{l=1}^{n} (x_l - \bar{x})^2$$

M. Grabe, *Grundriss der generalisierten Gauß'schen Fehlerrechnung*.
DOI 10.1007/978-3-642-17822-1, © Springer 2011

die empirische Varianz der Messdaten (8.1). Dann ist nach (6.22)

$$P(-t_P < T \le t_p) = \int_{-t_P}^{t_P} p_T(t, \nu)\,\mathrm{d}t\ ; \quad \nu = n - 1$$

die Wahrscheinlichkeit, eine Realisierung der Zufallsvariable

$$T = \frac{\bar{X} - \mu_x}{S_x/\sqrt{n}}$$

im Intervall $-t_P < T \le t_p$ zu finden. Wählen wir

$$P(-t_P < T \le t_p) = 0.95 \tag{8.3}$$

und sei $n = 10$. Für $\nu = 9$ zeigt die Tabelle in Anhang E den Eintrag $t_P = 2,3$.

Im Folgenden betrachten wir allein die Intervallgrenzen. Die untere Grenze $-t_P$ liefert

$$-t_P < \frac{\bar{X} - \mu_x}{S_x/\sqrt{n}} \quad \text{d. h.} \quad \mu_x < \bar{X} + t_P\, S_x/\sqrt{n}\ ,$$

die obere Grenze t_P entsprechend

$$\frac{\bar{X} - \mu_x}{S_x/\sqrt{n}} \le t_P \quad \text{d. h.} \quad \bar{X} - t_P\, S_x/\sqrt{n} \le \mu_x\ .$$

Dann lokalisiert das *Vertrauensintervall*

$$\bar{X} - t_P \frac{S_x}{\sqrt{n}} \le \mu_x \le \bar{X} + t_P \frac{S_x}{\sqrt{n}} \tag{8.4}$$

den unbekannten Parameter μ_x mit der Wahrscheinlichkeit

$$P(-t_P < T \le t_p) = P(t_P, \nu)\ . \tag{8.5}$$

Das in Zufallsvariablen dargestellte Vertrauensintervall (8.4) bleibt experimentell fiktiv. Aber wir können die Zufallsvariablen $\bar{X}$ und S_x durch die numerischen Schätzer $\bar{x}$ und s_x ersetzen,

$$\bar{x} - t_P \frac{s_x}{\sqrt{n}} \le \mu_x \le \bar{x} + t_P \frac{s_x}{\sqrt{n}}\ . \tag{8.6}$$

Für $P(t_P, \nu) = 0.95$ heißt das: Zeichnete man hinreichend viele Sequenzen (8.1) auf, sagen wir $N > 100$, so würden etwa $0{,}95 \cdot N$ Intervalle (8.6) den Parameter μ_x lokalisieren. Der Zusammenhang zwischen der Größe des Freiheitsgrades ν und der Breite der t-Dichte zeigt: Bei vorgegebener Wahrscheinlichkeit $P(t_P, \nu)$ fällt t_P um so niedriger aus, je größer ν ist.

Mit (6.23) verbindet sich eine weniger scharfe Lokalisierung des Parameters μ_x. Für irgendeine Realisierung x_l; $l \in 1, \ldots, n$ der Zufallsvariablen X und der experimentell vorgegebenen empirischen Varianz s_x haben wir

$$x_l - t_P\, s_x \le \mu_x < x_l + t_P\, s_x\ ; \quad l \in 1, 2, \ldots, n\ . \tag{8.7}$$

Auch dieser Aussage ordnen wir die Wahrscheinlichkeit $P(t_P, \nu)$ zu. Die Intervalle (8.6) und (8.7) unterstreichen, dass die Höhe der Lokalisierungs-Wahrscheinlichkeit $P(t_P, \nu)$ noch nichts über die Länge des Vertrauensintervalles aussagt.

Diese Aussage ist allgemeingültig: Bei vorgegebenem $P(t_P, \nu)$ definieren breite Verteilungsdichten längere Vertrauensintervalle als schmale Verteilungsdichten.

Systematischer Messfehler

Ungünstigstenfalls unterscheiden sich μ_x und x_0 um $\pm f_{s,x}$,

$$\mu_x - f_{s,x} \le x_0 \le \mu_x + f_{s,x}\ . \tag{8.8}$$

Gesamtunsicherheit

Zusammenfassen von (8.6) und (8.8) definiert das Messresultat

$$\begin{aligned} \bar{x} - u_{\bar{x}} \le x_0 \le \bar{x} + u_{\bar{x}} \\ u_{\bar{x}} = t_P \frac{s_x}{\sqrt{n}} + f_{s,x}\ . \end{aligned} \tag{8.9}$$

Wir unterstellen, das Intervall $\bar{x} \pm u_{\bar{x}}$ lokalisiere den wahren Wert x_0 „quasi-sicher“, Abb. 8.1.

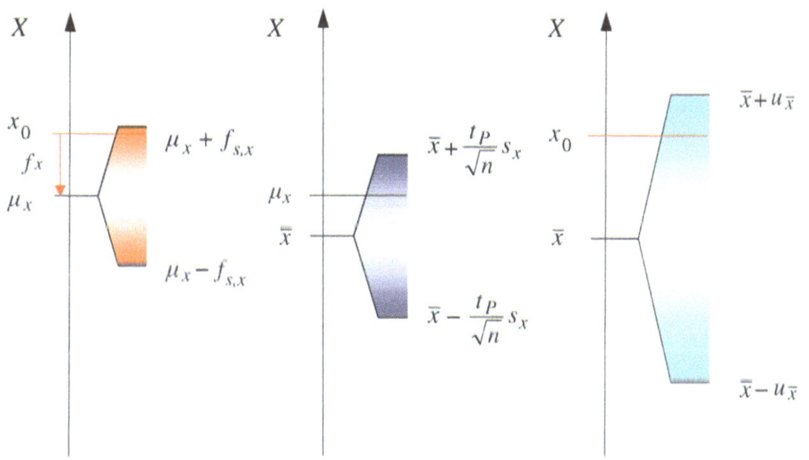

Abb. 8.1 Das Vertrauensintervall $\bar{x} \pm t_P\, s_x/\sqrt{n}$ lokalisiert den Parameter μ_x mit Wahrscheinlichkeit P. Der systematische Fehler f_x verschiebt den Parameter μ_x bezüglich des wahren Wertes x_0. Das Intervall $\bar{x} \pm u_{\bar{x}}$ lokalisiert den wahren Wert x_0 „quasi-sicher“

Der wahre Wert x_0 lässt sich auch unter Bezug auf Einzelmessungen lokalisieren,

$$\begin{aligned} x_l - u_x \le x_0 \le x_l + u_x \; ; \quad l \in 1, 2, \ldots, n \\ u_x = t_P \, s_x + f_{s,x} \; . \end{aligned} \tag{8.10}$$

Wir weisen Messresultaten *keine* Wahrscheinlichkeiten zu.

Beispiele

(i) Wägung

Sei

$$(10{,}31 \pm 0,05)\,\mathrm{g}$$

das Resultat einer Wägung: 10,31 g ist der Schätzer des unbekannten wahren Wertes der Masse und ±0,05 g die Messunsicherheit. Der wahre Wert der Masse sollte im Intervall 10,26 g ... 10,36 g liegen.

(ii) Arithmetisches Mittel n simulierter Wiederholungsmessungen

Unterstellen wir in

$$x_l = x_0 + \varepsilon_l + f_x \; ; \quad -f_{s,x} \le f_x \le f_{s,x}$$

$x_0 = 0$ und $l = 1, \ldots, n = 10$ Wiederholungsmessungen. Die seitens des Zufallsgenerators simulierten normalverteilten ε_l justieren wir beispielhaft auf $\sigma_x = 0{,}3$. Die Fehlergrenze $f_{s,x}$ legen wir mittels der Verfügung $\sigma_x = f_{s,x}/\sqrt{3}$ fest. Interpretierten wir nämlich den systematischen Fehler f_x als rechteckverteilt über $\pm f_{s,x}$, wäre $f_{s,x}^2/3$ formal dessen theoretische Varianz. Obige Verfügung bringt den systematischen Fehler in eine mit den zufälligen Fehlern vergleichbare Größenordnung.

Tabelle 8.1 Simulation von n Wiederholungsmessungen

l	$X(l)$
1	0,9417
2	0,6881
3	1,0629
4	0,6271
5	1,0351
6	0,3737
7	0,1338
8	0,4124
9	0,8328
10	0,1408

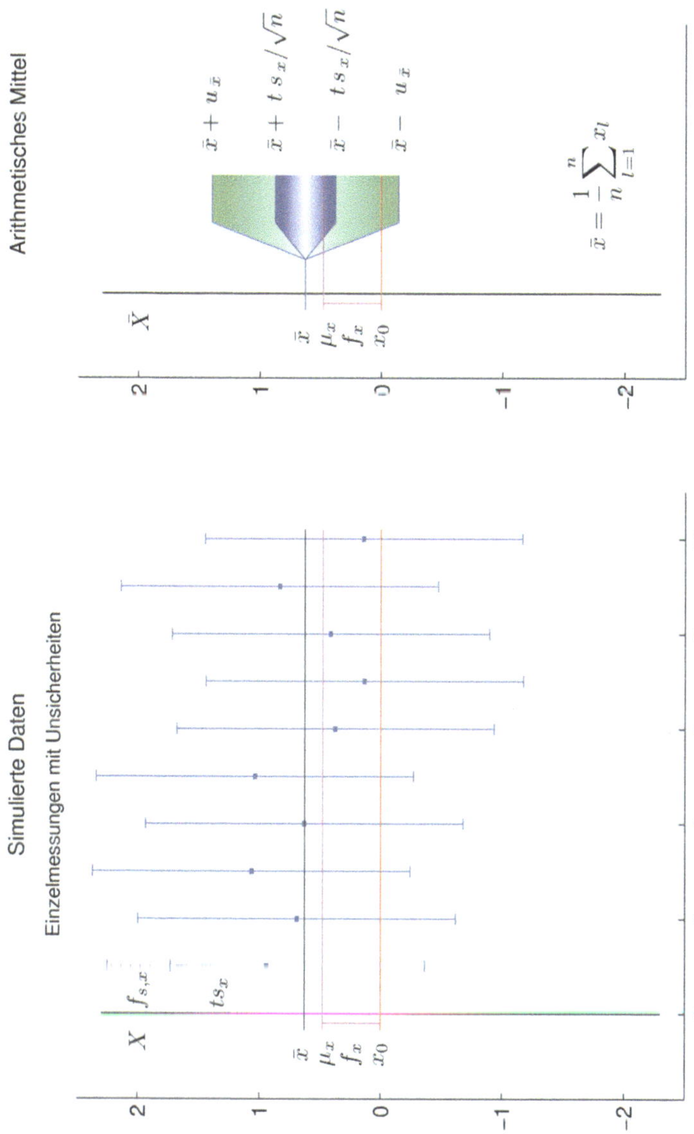

Abb. 8.2 *Links:* Einzelmessungen mit Unsicherheiten $\boldsymbol{u}_x$. *Rechts:* Mittelwert $\bar{x}$ mit Unsicherheit $\boldsymbol{u}_{\bar{x}}$

Den aktuellen systematischen Fehler schieben wir möglichst weit aus der Mitte des Intervalls $\pm f_{s,x}$ heraus, hier durch die willkürliche Verfügung

$$f_x = f_{s,x}/\sqrt{3} + 0{,}8 * \left(f_{s,x} - f_{s,x}/\sqrt{3}\right) .$$

Die so simulierten Daten finden sich in Tabelle 8.1. Nach (8.9) haben wir roh $\bar{x} \pm u_{\bar{x}} = 0{,}6248 \pm 0{,}7687$. Runden nach DIN, [17] liefert $\bar{x} \pm u_{\bar{x}} = 0{,}6 \pm 0{,}8$ d. h. $-0{,}2 \leq x_0 \leq 1{,}4$. Abbildung 8.2 veranschaulicht das Resultat der Simulation.

8.2 Quasi-sicheres Schließen

Intervall (8.6) mag suggerieren, dass das Erhöhen der Zahl n der Wiederholungsmessungen den auf zufällige Fehler zurückgehenden Unsicherheitsanteil beliebig herabsetzen würde. Theoretisch gesehen stimmt das, aber selbst wenn sich noch so viele Wiederholungsmessungen realisieren ließen, bliebe noch immer der von n unabhängige systematische Fehler.

Andererseits steht der Idee möglichst viele Wiederholungsmessungen durchzuführen die Beobachtung entgegen, dass Messapparaturen sich im Laufe längerer Zeiträume nicht strikt stationär verhalten. Jedenfalls im Allgemeinen zeigen Messapparaturen Drifterscheinungen, selbst sprunghafte Änderungen sind möglich. Nichtstationäritäten ziehen Verwaschungen des arithmetischen Mittelwertes und der empirischen Varianz nach sich. Aus dieser Sicht bietet es sich an, die Zahl der Wiederholungsmessungen eher niedrig anzusetzen. Der Studentfaktor hält die Verlässlichkeit der Aussage (8.6) ohnehin aufrecht: je niedriger n desto größer t_P.

Dennoch bleibt offen, wie einer Drift oder einer sprunghaften Verschiebung von μ_x praktisch zu begegnen wäre. Die Antwort ist klar: das Intervall $-f_{s,x} \leq f \leq f_{s,x}$ sollte jedem der möglichen Betriebszustände $f = \text{const.}$ Rechnung tragen.

Um Messunsicherheiten möglichst niedrig zu halten, könnte man der Versuchung erliegen, dem unbekannten, aktuell wirksamen systematischen Fehler ein kleineres Intervall zuzuweisen als nach (8.2) vorgesehen – dies in der Annahme, der systematische Fehler f_x läge vermutlich wohl doch eher in der Intervallmitte als dass er das Intervall $\pm f_{s,x}$ tatsächlich in Gänze ausschöpfte. Indessen, derartige Interpretationen liefen darauf hinaus, primäre experimentelle Abwägungen im Nachhinein zu relativieren mit der Konsequenz, die Lokalisierung des wahren Wertes in Frage zu stellen.

So sehr sich unsere Überlegungen von den idealisierenden Modellen der statistischen Methodik unterscheiden, eine Möglichkeit, die Praxis näher an die Theorie heranzurücken, besteht eigentlich kaum: Messunsicherheiten sind das Resultat plausibler Annahmen und Abwägungen. Hieran dürfte sich schwerlich etwas ändern lassen.

Da Wiederholungsmessungen erfahrungsgemäß weniger stark streuen als die normale Verteilungsdichte vorsieht, lokalisiert das Student'sche Vertrauensintervall

$\bar{x} \pm t_P\, s_x/\sqrt{n}$ den Parameter μ_x jedenfalls zuverlässiger als das Vertrauensniveau vorhersagt. Die Worst-Case Abschätzung schöpft die Grenzen $\pm f_{s,x}$ des systematischen Fehlers aus. Sofern letztere korrekt geschätzt worden sind, lokalisiert das Intervall $\mu_x \pm f_{s,x}$ den wahren Wert x_0. Die additive Verknüpfung der sich in $\bar{x} \pm t_P\, s_x/\sqrt{n}$ und $\mu_x \pm f_{s,x}$ ausdrückenden Unsicherheitsanteile zufälligen und systematischen Charakters definiert letztlich ein Intervall $\bar{x} \pm u_{\bar{x}}$, das den wahren Wert x_0 „quasi-sicher“ lokalisieren sollte. Mit dieser Aussage muss sich der Experimentator begnügen.

Wie bekannt, nimmt die Metrologie in Wirtschaft, Wissenschaft und Technik eine zentrale Stellung ein: Sie soll Anwendern ein numerisch wohldefiniertes System physikalischer Einheiten, physikalischer Konstanten und metrologischer Prozeduren zur Verfügung stellen. Wohldefiniert ist das System, wenn die Unsicherheiten gemessener Größen deren wahre Werte lokalisieren. Halten wir fest:

Die Formalismen der Fehlerrechnung sollten zuverlässig, robust und praktikabel sein.

8.3 Funktion einer Variablen

Betrachten wir eine Funktion $\phi(x)$ und eine Resultatangabe $\bar{x} \pm u_{\bar{x}}$. Was lässt sich über die Unsicherheit $u_{\bar{\phi}}$ von $\phi(\bar{x})$,

$$\bar{x} \pm u_{\bar{x}} \Rightarrow \phi(x) \Rightarrow \phi(\bar{x}) \pm u_{\bar{\phi}}$$

sagen?

Heuristischer Ansatz

Im Hinblick auf die die Fehlerrechnung strukturierenden Approximationen liegt es nahe, unmittelbar

$$u_{\phi} = \left|\frac{\mathrm{d}\phi}{\mathrm{d}\bar{x}}\right| u_{\bar{x}} \tag{8.11}$$

hinzuschreiben. Indessen, um uns mit den Formalismen der neuen Fehlerrechnung vertraut zu machen, wollen wir den Fluss der Messfehler Schritt für Schritt verfolgen:

Formales Vorgehen

Wir entwickeln die Funktion $\phi(x)$ um den wahren Wert x_0, und zwar einmal bezüglich der Fehlergleichung (2.8),

$$x_l = x_0 + (x_l - \mu_x) + f_x$$

und ein weiteres Mal bezüglich der Fehlergleichung (2.9),

$$\bar{x} = x_0 + (\bar{x} - \mu_x) + f_x \,.$$

Wir haben

$$\begin{aligned} \phi(x_l) &= \phi(x_0) + \left.\frac{\mathrm{d}\phi}{\mathrm{d}x}\right|_{x=x_0} (x_l - \mu_x) + \left.\frac{\mathrm{d}\phi}{\mathrm{d}x}\right|_{x=x_0} f_x + \cdots \\ \phi(\bar{x}) &= \phi(x_0) + \left.\frac{\mathrm{d}\phi}{\mathrm{d}x}\right|_{x=x_0} (\bar{x} - \mu_x) + \left.\frac{d\phi}{dx}\right|_{x=x_0} f_x + \cdots \,. \end{aligned} \tag{8.12}$$

Des Weiteren

- approximieren wir die Ableitungen an der unbekannten Stelle x_0 durch Ableitung an der Stelle $\bar{x}$,
- brechen die Reihen nach den linearen Gliedern ab und
- unterstellen, die Ableitung $\mathrm{d}\phi/\mathrm{d}x$ dürfe in der Umgebung der Entwicklungsstelle $\bar{x}$ approximativ als konstant betrachtet werden.

Der besseren Lesbarkeit halber stellen wir die Differenz der Entwicklungen in Form einer Gleichung dar – was mathematisch gesehen selbstredend unzulässig ist. Verkürzen wir schließlich noch die Notation des Differenzierens, so haben wir

$$\phi(x_l) - \phi(\bar{x}) = \frac{\mathrm{d}\phi}{\mathrm{d}\bar{x}}(x_l - \bar{x}) \,; \quad l = 1,2,\ldots,n \,. \tag{8.13}$$

In Konsequenz des Linearisierens stellt sich das Mittel

$$\bar{\phi} = \phi(\bar{x}) = \frac{1}{n}\sum_{l=1}^{n} \phi(x_l) \tag{8.14}$$

als Summe der $\phi(x_l)$ dar. Die Approximation (8.13) ermöglicht es, eine empirische Varianz

$$s_\phi^2 = \frac{1}{n-1}\sum_{l=1}^{n} [\phi(x_l) - \phi(\bar{x})]^2 = \left(\frac{\mathrm{d}\phi}{\mathrm{d}\bar{x}}\right)^2 s_x^2 \tag{8.15}$$

zu definieren.

Die Erwartungswerte der Reihenentwicklungen (8.12) führen gleichermaßen auf den Parameter

$$\mu_\phi = E\{\phi(X)\} = E\left\{\phi(\bar{X})\right\} = \phi(x_0) + \frac{\mathrm{d}\phi}{\mathrm{d}\bar{x}} f_x \,. \tag{8.16}$$

Da die x_l nach Voraussetzung voneinander unabhängig und normalverteilt sind, gilt Gleiches für die $\phi(x_l)$. Damit sind wir in der Lage, ein Student'sches

$$T(n-1) = \frac{\phi(\bar{X}) - \mu_\phi}{S_\phi/\sqrt{n}} \tag{8.17}$$

zu definieren, das seinerseits ein Vertrauensintervall für den unbekannten Parameter μ_ϕ festlegt,

$$\phi(\bar{X}) \pm \frac{t_P(n-1)}{\sqrt{n}} S_\phi \ ; \quad P(t_P, \nu) \ . \tag{8.18}$$

$P(t_P, \nu)$ legt die Höhe des Vertrauensniveaus fest. Der fortgepflanzte systematische Fehler ist nach (8.16) durch

$$f_\phi = \frac{\mathrm{d}\phi}{\mathrm{d}\bar{x}} f_x \ , \quad -f_{s,x} \le f_x \le f_{s,x} \tag{8.19}$$

gegeben. Nach allem lautet das Messergebnis

$$\phi(\bar{x}) - u_{\bar{\phi}} \le \phi(x_0) \le \phi(\bar{x}) + u_{\bar{\phi}}$$

$$u_{\bar{\phi}} = \left|\frac{\mathrm{d}\phi}{\mathrm{d}\bar{x}}\right| \left[\frac{t_P(n-1)}{\sqrt{n}} s_x + f_{s,x}\right] = \left|\frac{\mathrm{d}\phi}{\mathrm{d}\bar{x}}\right| u_{\bar{x}} \tag{8.20}$$

mit $u_{\bar{\phi}}$ als Gesamtunsicherheit.

Beispiele

Gegeben $\bar{x} \pm u_{\bar{x}}$,

$$\phi(x) = \frac{1}{x} \quad \Rightarrow \quad u_{\bar{\phi}} = \frac{1}{\bar{x}^2} u_{\bar{x}}$$

$$\phi(x) = x^2 \quad \Rightarrow \quad u_{\bar{\phi}} = 2\,|\,\bar{x}\,|\,u_{\bar{x}} \ .$$

9 Fortpflanzen von Messfehlern, zwei Variable

Stationär arbeitende Messapparaturen separieren von sich aus die Ströme zufälliger und systematischer Messfehler.

9.1 Heuristischer Ansatz

Gegeben eine Funktion $\phi(x, y)$ und Messresultate

$$\bar{x} = \frac{1}{n}\sum_{l=1}^{n} x_l \,, \qquad u_{\bar{x}} = \frac{t_P(n-1)}{\sqrt{n}} s_x + f_{s,x}$$
$$\bar{y} = \frac{1}{n}\sum_{l=1}^{n} y_l \,, \qquad u_{\bar{y}} = \frac{t_P(n-1)}{\sqrt{n}} s_y + f_{s,y} \,,$$

gefragt die Unsicherheit $u_{\bar{\phi}}$ von $\phi(\bar{x}, \bar{y})$,

$$\begin{matrix} \bar{x} \pm u_{\bar{x}} \\ \bar{y} \pm u_{\bar{y}} \end{matrix} \Rightarrow \phi(x, y) \Rightarrow \phi(\bar{x}, \bar{y}) \pm u_{\bar{\phi}} \,.$$

Analog zu (8.11) sollte

$$u_{\bar{\phi}} = \left| \frac{\partial \phi}{\partial \bar{x}} \right| u_{\bar{x}} + \left| \frac{\partial \phi}{\partial \bar{y}} \right| u_{\bar{y}} \tag{9.1}$$

gelten. Verfolgen wir den Fluss der Messfehler.

M. Grabe, *Grundriss der generalisierten Gauß'schen Fehlerrechnung*.
DOI 10.1007/978-3-642-17822-1,

9.2 Wohldefinierte Messbedingungen

Nach Voraussetzung betrachten wir zufällige Messfehler als zumindest approximativ normalverteilt. Dementsprechend sollte den Formalismen der Fehlerfortpflanzung die Dichte der empirischen Momente zweiter Ordnung zugrunde liegen, Abschnitt 6.2. Jene Dichte verlangt allerdings für jede der einfließenden Messgrößen gleich viele Wiederholungsmessungen. Das wiederum dürfte jedenfalls so ohne Weiteres nicht mit der traditionellen Eigenständigkeit der Experimentatoren in Einklang zu bringen sein.

Beschränken wir uns zunächst auf zwei Variable X und Y und unterstellen wir ungleich viele Wiederholungsmessungen $n_x \neq n_y$. Dann ist die empirische Kovarianz s_{xy} nicht definiert, weil überschüssige Messwerte entweder in x oder y vorliegen. Dessenungeachtet stuft die Dichte (6.18) die empirische Kovarianz als integralen Bestandteil des zweidimensionalen Modells normalverteilter Zufallsvariabler ein. Mehr noch, auch wenn die Variablen X und Y voneinander unabhängig sind, postuliert die Dichte der empirischen Momente zweiter Ordnung eine Abhängigkeit zwischen den empirischen Momenten s_x^2, s_{xy}, s_y^2.

Erfahrungsgemäß zieht das Außer-Kraft-Setzen eines in sich wohldefinierten mathematischen Konzeptes fallbezogen irgendwelche Probleme nach sich, ohne dass notwendigerweise gleich sichtbar werden würde, wo deren Ursachen liegen. Die klassische Gauß'sche Fortpflanzung zufälliger Messfehler stützt sich auf theoretische Varianzen. Da theoretische Varianzen prinzipiell unbekannt sind, werden sie im Nachhinein stillschweigend durch empirische Varianzen ersetzt. Allerdings, gleichzeitig damit hätte die empirische Kovarianz wieder eingeführt werden müssen, denn wie (6.19) unterstreicht, ist keineswegs mit $s_{xy} \approx 0$ zu rechnen – auch nicht im Falle der Unabhängigkeit von X und Y. Indessen, solange $n_x \neq n_y$ ist die empirische Kovarianz technisch nicht definierbar.

In Konsequenz des Tolerierens von $n_x \neq n_y$ kannte die klassische Gauß'sche Fehlerrechnung Student'sche Vertrauensintervalle lediglich im Falle einer Messgröße. Wir werden zeigen:

Das mehrdimensionale Modell normalverteilter Zufallsvariabler überträgt das Konzept Student'scher Vertrauensbereiche auf die Fortpflanzung zufälliger Messfehler.

Die Aussagefähigkeit eines Messresultates dürfte kaum davon abhängen, ob n oder $n + 1$ Wiederholungsmessungen aufgezeichnet worden sind, insofern schafft die Forderung nach Berücksichtigung empirischer Kovarianzen aus Sicht der Praktikabilität keine unerfüllbaren Bedingungen. Wir bezeichnen das Arbeiten mit gleich vielen Wiederholungsmessungen als *wohldefinierte Messbedingungen.*

Sind die beiden Messreihen voneinander unabhängig, so liegt es nahe, sie beziehungslos nebeneinander zu setzen,

$$(x_1, x_2, \ldots, x_n), \quad (y_1, y_2, \ldots, y_n).$$

Sind sie voneinander abhängig, würde man sie eher in Paaren notieren,

$$(x_1, y_1), \ (x_2, y_2), \quad \ldots, \quad (x_n, y_n) \, . \tag{9.2}$$

Nehmen wir an, die Messreihen seien voneinander abhängig, aber wir seien in der Lage, die Abhängigkeit sukzessive solange abzuschwächen, bis sie schließlich verschwände. Dann erwarten wir nicht, dass sich die formale Gestalt der Messunsicherheit bei irgendeinem Grad schwindender Abhängigkeit unstetig änderte – eher erwarten wir, dass sie vom aktuellen Grade der Abhängigkeit unabhängig ist.

9.3 Taylor'sche Entwicklung

Wir beschränken die Formalismen der Fehlerfortpflanzung auf den linearen Teil der Taylor'schen Entwicklung. Ob das zulässig ist, d. h. inwieweit Terme höherer Ordnung tatsächlich vernachlässigbar sind, hängt ab von der Größe der Messfehler und vom Verhalten der Verknüpfungsfunktion $\phi(x, y)$ in der Umgebung der jeweiligen Entwicklungsstelle. Vorbehaltlich der Notwendigkeit fallspezifischer Untersuchungen setzen wir voraus, Reihenabbruch sei zulässig. Sollte das nicht so sein, wäre nach robusteren Schätzverfahren zu suchen.

Wir entwickeln die Funktion $\phi(x, y)$ zweifach um den Punkt (x_0, y_0), einmal bezüglich der n Paare (x_l, y_l); $l = 1, \ldots, n$ und ein weiteres Mal bezüglich der Mittelwerte $\bar{x}, \bar{y}$. Dabei gehen wir von den Fehlergleichungen

$$x_l = x_0 + (x_l - \mu_x) + f_x \, , \qquad y_l = y_0 + (y_l - \mu_y) + f_y \, ; \qquad l = 1, \ldots, n$$

$$\bar{x} = x_0 + (\bar{x} - \mu_x) + f_x \, , \qquad \bar{y} = y_0 + (\bar{y} - \mu_y) + f_y$$

aus. Für die Paare (x_l, y_l); $l = 1, \ldots, n$ finden wir

$$\begin{aligned} \phi(x_l, y_l) = \phi(x_0, y_0) &+ \frac{\partial \phi}{\partial x_0}(x_l - \mu_x) + \frac{\partial \phi}{\partial y_0}(y_l - \mu_y) \\ &+ \frac{\partial \phi}{\partial x_0} f_x + \frac{\partial \phi}{\partial y_0} f_y + \cdots \, ; \qquad l = 1, \ldots, n \end{aligned}$$

und für die Mittelwerte $\bar{x}, \bar{y}$

$$\begin{aligned} \phi(\bar{x}, \bar{y}) = \phi(x_0, y_0) &+ \frac{\partial \phi}{\partial x_0}(\bar{x} - \mu_{\bar{x}}) + \frac{\partial \phi}{\partial y_0}(\bar{y} - \mu_{\bar{y}}) \\ &+ \frac{\partial \phi}{\partial x_0} f_x + \frac{\partial \phi}{\partial y_0} f_y + \cdots \, . \end{aligned}$$

Wir unterstellen, es sei zulässig

- die Reihenentwicklungen durch Abbruch zu linearisieren
- die partiellen Ableitungen $\partial\phi/\partial x_0$ und $\partial\phi/\partial y_0$ durch $\partial\phi/\partial\bar{x}$ und $\partial\phi/\partial\bar{y}$ zu approximieren und überdies
- $\partial\phi/\partial\bar{x}$ und $\partial\phi/\partial\bar{y}$ approximativ als konstant zu betrachten.

Um die Notierung übersichtlich zu halten, arbeiten wir auch jetzt wieder – illegalerweise – mit Gleichheitszeichen. Wir haben dann

$$\begin{aligned}\phi(x_l, y_l) = \phi(x_0, y_0) &+ \frac{\partial\phi}{\partial\bar{x}}(x_l - \mu_{\bar{x}}) + \frac{\partial\phi}{\partial\bar{y}}(y_l - \mu_{\bar{y}}) \\ &+ \frac{\partial\phi}{\partial\bar{x}} f_x + \frac{\partial\phi}{\partial\bar{y}} f_y \; ; \quad l = 1, \ldots, n \end{aligned} \tag{9.3}$$

und

$$\begin{aligned}\phi(\bar{x}, \bar{y}) = \phi(x_0, y_0) &+ \frac{\partial\phi}{\partial\bar{x}}(\bar{x} - \mu_{\bar{x}}) + \frac{\partial\phi}{\partial\bar{y}}(\bar{y} - \mu_{\bar{y}}) \\ &+ \frac{\partial\phi}{\partial\bar{x}} f_x + \frac{\partial\phi}{\partial\bar{y}} f_y \, . \end{aligned} \tag{9.4}$$

Subtrahieren führt auf

$$\phi(x_l, y_l) - \phi(\bar{x}, \bar{y}) = \frac{\partial\phi}{\partial\bar{x}}(x_l - \bar{x}) + \frac{\partial\phi}{\partial\bar{y}}(y_l - \bar{y}) \; ; \quad l = 1, \ldots, n \, . \tag{9.5}$$

Im Rahmen der Näherungen liefert die Summation über l

$$\bar{\phi} = \frac{1}{n} \sum_{l=1}^{n} \phi(x_l, y_l) \, . \tag{9.6}$$

9.4 Zufällige Fehler

Nach (9.5) ist die empirische Varianz der $\phi(x_l, y_l)$; $l = 1, \ldots, n$ bezüglich des Mittels $\phi(\bar{x}, \bar{y})$ durch

$$s_\phi^2 = \frac{1}{n-1} \sum_{l=1}^{n} \Big[\, \phi(x_l, y_l) - \phi(\bar{x}, \bar{y}) \, \Big]^2$$

gegeben. Ausarbeiten zeigt

$$s_\phi^2 = \frac{1}{n-1} \sum_{l=1}^{n} \left[\left(\frac{\partial \phi}{\partial \bar{x}} \right)^2 (x_l - \bar{x})^2 \right.$$

$$\left. + 2 \left(\frac{\partial \phi}{\partial \bar{x}} \right) \left(\frac{\partial \phi}{\partial \bar{y}} \right) (x_l - \bar{x})(y_l - \bar{y}) + \left(\frac{\partial \phi}{\partial \bar{y}} \right)^2 (y_l - \bar{y})^2 \right]$$

$$= \left(\frac{\partial \phi}{\partial \bar{x}} \right)^2 s_x^2 + 2 \left(\frac{\partial \phi}{\partial \bar{x}} \right) \left(\frac{\partial \phi}{\partial \bar{y}} \right) s_{xy} + \left(\frac{\partial \phi}{\partial \bar{y}} \right)^2 s_y^2 \,. \tag{9.7}$$

Mittels der empirischen Varianz-Kovarianz Matrix

$$\boldsymbol{s} = \begin{pmatrix} s_{xx} & s_{xy} \\ s_{yx} & s_{yy} \end{pmatrix} \; ; \quad s_{xx} \equiv s_x^2, \quad s_{xy} = s_{yx}, \quad s_{yy} \equiv s_y^2 \tag{9.8}$$

und des Hilfsvektors

$$\boldsymbol{b} = \begin{pmatrix} \dfrac{\partial \phi}{\partial \bar{x}} & \dfrac{\partial \phi}{\partial \bar{y}} \end{pmatrix}^{\mathrm{T}} \tag{9.9}$$

komprimieren wir (9.7) zu

$$s_\phi^2 = \boldsymbol{b}^{\mathrm{T}} \boldsymbol{s}\, \boldsymbol{b} \,. \tag{9.10}$$

Betrachten wir *aufeinanderfolgende* Realisierungen (x_l, y_l), (x_{l+1}, y_{l+1}) der beiden Zufallsvariablen (X, Y) als voneinander unabhängig. Dann gilt dasselbe für die Realisierungen $\phi(x_l, y_l)$, $\phi(x_{l+1}, y_{l+1})$ der Zufallsvariable $\phi(X, Y)$. Dessenungeachtet können x_l und y_l selbst durchaus voneinander abhängen. Ob das tatsächlich so ist, wüssten wir, wäre σ_{xy} vorgegeben.

Die empirischen Varianzen und die empirische Kovarianz

$$s_x^2 = \frac{1}{n-1} \sum_{l=1}^{n} (x_l - \bar{x})^2 \,, \quad s_y^2 = \frac{1}{n-1} \sum_{l=1}^{n} (y_l - \bar{y})^2$$

$$s_{xy} = \frac{1}{n-1} \sum_{l=1}^{n} (x_l - \bar{x})(y_l - \bar{y}) \tag{9.11}$$

sind wohl von den Parametern $\sigma_x^2, \sigma_y^2, \sigma_{xy}$ zu unterscheiden. Mit

$$E\{S_x^2\} = \sigma_x^2 \,, \quad E\{S_y^2\} = \sigma_y^2 \,, \quad E\{S_{xy}\} = \sigma_{xy}$$

liefert (9.7)

$$E\{S_\phi^2\} = \left(\frac{\partial \phi}{\partial \bar{x}} \right)^2 \sigma_x^2 + 2 \left(\frac{\partial \phi}{\partial \bar{x}} \right) \left(\frac{\partial \phi}{\partial \bar{y}} \right) \sigma_{xy} + \left(\frac{\partial \phi}{\partial \bar{x}} \right)^2 \sigma_y^2 \,. \tag{9.12}$$

Andererseits hätten wir auch (9.3) in Zufallsvariablen lesen können, um damit zunächst den Erwartungswert

$$\mu_\phi = E\{\phi(X,Y)\} = \phi(x_0,y_0) + \frac{\partial\phi}{\partial\bar{x}} f_x + \frac{\partial\phi}{\partial\bar{y}} f_y$$

und anschließend die theoretische Varianz

$$\begin{aligned}\sigma_\phi^2 &= E\left\{\left(\phi(X,Y) - \mu_\phi\right)^2\right\}\\ &= \left(\frac{\partial\phi}{\partial\bar{x}}\right)^2 \sigma_x^2 + 2\left(\frac{\partial\phi}{\partial\bar{x}}\right)\left(\frac{\partial\phi}{\partial\bar{y}}\right)\sigma_{xy} + \left(\frac{\partial\phi}{\partial\bar{x}}\right)^2 \sigma_y^2 \end{aligned} \tag{9.13}$$

zu bilden. Jedenfalls im Rahmen der Reihenentwicklungen ist die (9.7) zugeordnete Zufallsvariable S_ϕ^2 erwartungstreu bezüglich der theoretischen Varianz σ_ϕ^2.

Im Hinblick auf (9.6) und da die Realisierungen der Zufallsvariable $\phi(X,Y)$ voneinander unabhängig sind, sind wir berechtigt, ein

$$\chi^2(n-1) = \frac{(n-1)S_\phi^2}{\sigma_\phi^2}$$

und folglich eine Student'sches

$$T(n-1) = \frac{\phi(\bar{X},\bar{Y}) - \mu_\phi}{S_\phi/\sqrt{n}} \tag{9.14}$$

zu definieren. Nach allem ist

$$\phi(\bar{X},\bar{Y}) - \frac{t_P(n-1)}{\sqrt{n}} S_\phi \leq \mu_\phi \leq \phi(\bar{X},\bar{Y}) + \frac{t_P(n-1)}{\sqrt{n}} S_\phi \tag{9.15}$$

ein Vertrauensintervall für den Erwartungswert μ_ϕ der Zufallsvariablen $\phi(\bar{X},\bar{Y})$. P legt die Höhe des Vertrauensniveaus fest. Bemerkenswerterweise gilt (9.15) gleichermaßen für abhängige und unabhängige Messreihen.

Dennoch sind unsere Überlegungen nicht abgeschlossen: Sind die Messreihen voneinander unabhängig, so dürfen die Messwerte innerhalb des Messreihen

$$x_1,\ x_2,\ \ldots,\ x_n\ ; \qquad y_1,\ y_2,\ \ldots,\ y_n$$

beliebig vertauscht werden. Beispielsweise wären die Sequenzen

$$\begin{matrix} x_1, & x_2, & x_3, & x_4, & x_5, & x_6, & x_7, & x_8, & x_9, & x_{10} \\ y_1, & y_2, & y_3, & y_4, & y_5, & y_6, & y_7, & y_8, & y_9, & y_{10} \end{matrix}$$

und

$$\begin{matrix} x_1, & x_2, & x_3, & x_4, & x_5, & x_6, & x_7, & x_8, & x_9, & x_{10} \\ y_7, & y_4, & y_6, & y_8, & y_2, & y_{10}, & y_3, & y_5, & y_1, & y_9 \end{matrix}$$

gleichberechtigt. Die Permutationen beeinflussen zwar nicht die empirischen Varianzen s_x^2, s_y^2, wohl aber die empirische Kovarianz s_{xy}. Im Falle der Unabhängigkeit der Messreihen ist die empirische Kovarianz nicht eindeutig. Indessen erwachsen hieraus keine Probleme, vielmehr ist die Nichteindeutigkeit der empirischen Kovarianz eine Eigenschaft der Verteilungsdichte (6.18). Insbesondere ist jede nach (6.19) mögliche empirische Kovarianz gleichermaßen zulässig. Die Nichteindeutigkeit der empirischen Kovarianz fließt in die stichprobenabhängige Länge des Vertrauensbereiches ein – letzterer hat, wie bekannt, keine eindeutige Länge.

9.5 Systematische Fehler

Wir entnehmen (9.3) oder (9.4) den fortgepflanzten systematischen Fehler

$$f_\phi = \frac{\partial\phi}{\partial\bar{x}} f_x + \frac{\partial\phi}{\partial\bar{y}} f_y \; ; \quad -f_{s,x} \le f_x \le f_{s,x} \; , \quad -f_{s,y} \le f_y \le f_{s,y} \; . \tag{9.16}$$

Die Worst-Case Abschätzung liefert

$$f_{s,\phi} = \left|\frac{\partial\phi}{\partial\bar{x}}\right| f_{s,x} + \left|\frac{\partial\phi}{\partial\bar{y}}\right| f_{s,y} \; ; \quad -f_{s,\phi} \le f_\phi \le f_{s,\phi} \; . \tag{9.17}$$

9.6 Gesamtunsicherheit

Lineares Zusammenfassen von (9.15) und (9.17) definiert die Gesamtunsicherheit $u_{\bar{\phi}}$. Wir haben

$$\phi(\bar{x}, \bar{y}) - u_{\bar{\phi}} \le \phi(x_0, y_0) \le \phi(\bar{x}, \bar{y}) + u_{\bar{\phi}}$$

$$u_{\bar{\phi}} = \frac{t_P(n-1)}{\sqrt{n}} \sqrt{\boldsymbol{b}^{\mathrm{T}} \boldsymbol{s}\, \boldsymbol{b}} + \left|\frac{\partial\phi}{\partial\bar{x}}\right| f_{s,x} + \left|\frac{\partial\phi}{\partial\bar{y}}\right| f_{s,y} \; . \tag{9.18}$$

Der Formalismus unterscheidet nicht zwischen abhängigen und unabhängigen Messreihen. Im Falle der Abhängigkeit sind die Eingangsdaten in Gestalt von Paaren vorgegeben, im Falle der Unabhängigkeit hingegen sind Paarungen beliebiger Art zulässig, wobei sich die empirische Kovarianz in Abhängigkeit der irgendwie gewählten Paarungen ändert. Dieser Gesichtspunkt schränkt nicht die Aussagestärke des Vertrauensintervalls (9.15) ein. Im Falle der Unabhängigkeit ist jede beliebige

$$-s_x s_y < s_{xy} < s_x s_y$$

genügende empirische Kovarianz gleichermaßen zulässig. Selbst Manipulationen in den wechselseitigen Zuordnungen der Einzelmessungen wären akzeptabel.

Betrachten wir abschließend die Rolle der partiellen Ableitungen. Obwohl sie an den eigentlichen Messprozeduren nicht beteiligt sind, verstärken oder schwächen sie doch die Einflussnahme zufälliger und systematischer Messfehler. Nehmen wir an, $u_{\bar{x}}$ und $u_{\bar{y}}$ seien etwa gleich, aber $| \partial\phi/\partial\bar{x} |$ übersteige $| \partial\phi/\partial\bar{y} |$. Dann tragen die Messfehler in x mehr zur Gesamtunsicherheit bei als die Messfehler in y.

Physikalische Konstante

Bezeichne c eine physikalische Konstante. Das Intervall aus Schätzer $\bar{c}$ und Unsicherheit $u_{\bar{c}}$ lokalisiere den wahren Wert c_0,

$$\bar{c} - u_{\bar{c}} \le c_0 \le \bar{c} + u_{\bar{c}} \, .$$

Fragen wir nach der Unsicherheit $u_{\bar{\phi}}$ von $\phi(\bar{x}, \bar{y}, \bar{c})$,

$$\begin{array}{l} \bar{x} \pm u_{\bar{x}} \\ \bar{y} \pm u_{\bar{y}} \quad \Rightarrow \quad \phi(x, y, c) \quad \Rightarrow \quad \phi(\bar{x}, \bar{y}, \bar{c}) \pm u_{\bar{\phi}} \, . \\ \bar{c} \pm u_{\bar{c}} \end{array}$$

Voraussetzungsgemäß bleibt c im Zuge der Wiederholungsmessungen konstant. Der aktuelle Wert von c liegt an irgendeiner (unbekannten) Stelle des Intervalls $\bar{c} \pm u_{\bar{c}}$. Anstelle von (9.18) haben wir

$$\phi(\bar{x}, \bar{y}, \bar{c}) - u_{\bar{\phi}} \le \phi(x_0, y_0, c_0) \le \phi(\bar{x}, \bar{y}, \bar{c}) + u_{\bar{\phi}}$$

$$u_{\bar{\phi}} = \frac{t_P(n-1)}{\sqrt{n}} \sqrt{\boldsymbol{b}^{\mathrm{T}} \boldsymbol{s}\, \boldsymbol{b}} + \left| \frac{\partial\phi}{\partial\bar{x}} \right| f_{s,x} + \left| \frac{\partial\phi}{\partial\bar{y}} \right| f_{s,y} + \left| \frac{\partial\phi}{\partial\bar{c}} \right| u_{\bar{c}} \, . \qquad (9.19)$$

mit $\boldsymbol{b}$ nach (9.9).

9.7 Robustes Schätzen

Kehren wir nochmals zur empirischen Varianz (9.7) zurück,

$$s_{\bar{\phi}}^2 = \boldsymbol{b}^{\mathrm{T}} \boldsymbol{s}\, \boldsymbol{b} = \left(\frac{\partial\phi}{\partial\bar{x}} \right)^2 s_x^2 + 2 \left(\frac{\partial\phi}{\partial\bar{x}} \right) \left(\frac{\partial\phi}{\partial\bar{y}} \right) s_{xy} + \left(\frac{\partial\phi}{\partial\bar{y}} \right)^2 s_y^2 \, .$$

Sind die Messreihen unabhängig, können wir s_{xy} durch die obere Grenze des Intervalls $-s_x s_y < s_{xy} < s_x s_y$ ersetzen, also durch $s_x s_y$.[1] Mit

$$\begin{aligned}
&\left(\frac{\partial\phi}{\partial\bar{x}}\right)^2 s_x^2 + 2\left(\frac{\partial\phi}{\partial\bar{x}}\right)\left(\frac{\partial\phi}{\partial\bar{y}}\right) s_{xy} + \left(\frac{\partial\phi}{\partial\bar{y}}\right)^2 s_y^2 \\
&\le \left(\frac{\partial\phi}{\partial\bar{x}}\right)^2 s_x^2 + 2\left|\frac{\partial\phi}{\partial\bar{x}}\right|\left|\frac{\partial\phi}{\partial\bar{y}}\right| s_x\, s_y + \left(\frac{\partial\phi}{\partial\bar{y}}\right)^2 s_y^2 \\
&= \left(\left|\frac{\partial\phi}{\partial\bar{x}}\right| s_x + \left|\frac{\partial\phi}{\partial\bar{y}}\right| s_y\right)^2 \qquad (9.20)
\end{aligned}$$

geht (9.18) über in

$$\begin{aligned}
u_{\bar{\phi}} &\le \left|\frac{\partial\phi}{\partial\bar{x}}\right|\left(\frac{t_P(n-1)}{\sqrt{n}} s_x + f_{s,x}\right) + \left|\frac{\partial\phi}{\partial\bar{y}}\right|\left(\frac{t_P(n-1)}{\sqrt{n}} s_y + f_{s,y}\right) \\
&= \left|\frac{\partial\phi}{\partial\bar{x}}\right| u_{\bar{x}} + \left|\frac{\partial\phi}{\partial\bar{y}}\right| u_{\bar{y}}\ .
\end{aligned}$$

Wir betrachten

$$u_{\bar{\phi}} \le \left|\frac{\partial\phi}{\partial\bar{x}}\right| u_{\bar{x}} + \left|\frac{\partial\phi}{\partial\bar{y}}\right| u_{\bar{y}} \qquad (9.21)$$

als robuste Schätzung der Unsicherheit $u_{\bar{\phi}}$ des Schätzers $\phi(\bar{x}, \bar{y})$.

Gelegentlich werden verlässliche, sichere Messunsicherheiten als unnötig groß klassifiziert, als Überschätzungen gewissermaßen. Indessen mindern verlässliche Messunsicherheiten keineswegs physikalisch real nutzbare Information. Eher besteht die Gefahr, dass zu knapp geschätzte Messunsicherheiten Wissen suggerieren, über das der Experimentator physikalisch gesehen nicht verfügt. Gelegentlich werden größere Unsicherheiten als Ausdruck „pessimistischer“ und knappere Unsicherheiten als Ausdruck „optimistischer“ Schätzungen hingestellt. Derartige Attribute dürften der Objektivität metrologischen Schließens wenig dienlich sein. – Die Metrologie benötigt Verlässlichkeit, soll der Forderung der Traceability genügen.

Beispiele

(i) Gegeben $\phi(x, y) = \sqrt{x^2 - 2y}$, gesucht u_ϕ in $(\bar{x}, \bar{y})$:

$$u_{\bar{\phi}} = \frac{1}{\sqrt{\bar{x}^2 - 2\bar{y}}}\left[\frac{t_P(n-1)}{\sqrt{n}}\sqrt{\bar{x}^2 s_{\bar{x}}^2 - 2\,\bar{x}\, s_{xy} + s_{\bar{y}}^2} + (|\,\bar{x}\,|\, f_{s,x} + f_{s,y})\right]$$

[1] $\boldsymbol{s}$ wird damit singulär, was belanglos bleibt.

(ii) Gegeben $\phi(x, y, c) = \sqrt{x^2 - 2cy}$, gesucht u_ϕ in $(\bar{x}, \bar{y}, \bar{c})$:

$$u_{\bar{\phi}} = \frac{1}{\sqrt{\bar{x}^2 - 2\bar{c}\,\bar{y}}}$$

$$\times \left[\frac{t_P(n-1)}{\sqrt{n}} \sqrt{\bar{x}^2 s_x^2 - 2\,\bar{c}\,\bar{x}\, s_{xy} + \bar{c}^2 s_y^2} + (\mid \bar{x} \mid f_{s,x} + \mid \bar{c} \mid f_{s,y} + \mid \bar{y} \mid u_{\bar{c}}) \right]$$

(iii) Gegeben $\phi(x, y, z, c) = \sqrt{x^2 - 2cyz}$, gesucht u_ϕ in $(\bar{x}, \bar{y}, \bar{z}, \bar{c})$:

$$u_{\bar{\phi}} = \frac{1}{\sqrt{\bar{x}^2 - 2\bar{c}\bar{y}\bar{z}}}$$

$$\times \left[\frac{t_P(n-1)}{\sqrt{n}} \sqrt{\bar{x}^2 s_x^2 + \bar{c}^2 \bar{z}^2 s_y^2 + \bar{c}^2 \bar{y}^2 s_z^2 - 2\bar{c}\bar{x}\bar{z} s_{xy} + 2\bar{c}^2 \bar{y}\bar{z}\, s_{yz} - 2\bar{c}\bar{x}\bar{y} s_{zx}} \right.$$

$$\left. + \left(\mid \bar{x} \mid f_{s,x} + \mid \bar{c}\bar{z} \mid f_{s,y} + \mid \bar{c}\bar{y} \mid f_{s,z} + \mid \bar{y}\bar{z} \mid u_{\bar{c}} \right) \right]$$

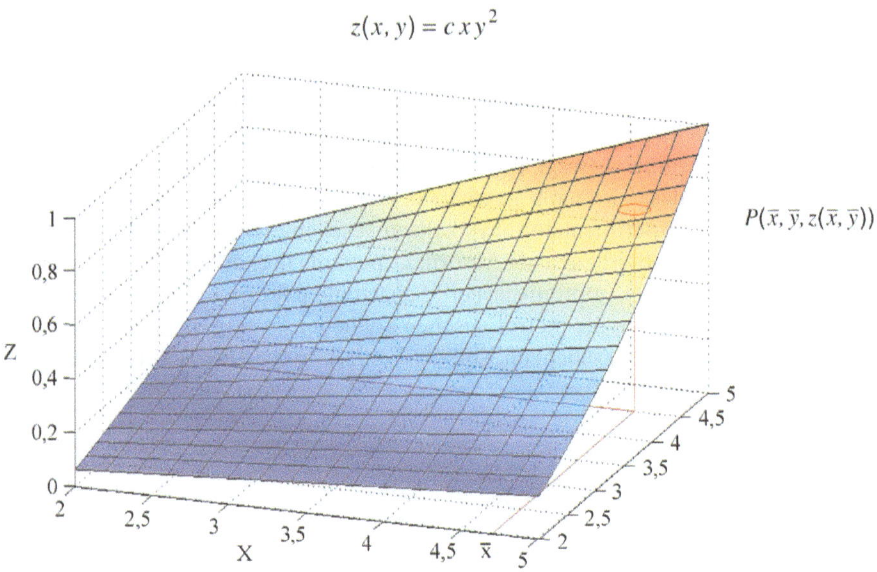

Abb. 9.1 Simulation, Messgleichung $z(x, y) = c\,x\,y^2$

(iv) Simulation: Gegeben $z(x, y) = c\, x\, y^2$, gesucht u_z in $(\bar{x}, \bar{y})$, Abb. 9.1. Setzen wir

$$x_0 = 4{,}7; \quad y_0 = 4{,}5$$

$$c_0 = 0{,}008; \quad f_{s,c} = 10^{-4}; \quad \bar{c} = 0{,}0079$$

$$\sigma_x = 0{,}5 * 10^{-3}; \quad f_{s,x} = \sqrt{3} * \sigma_x; \quad \sigma_y = 10^{-3}; \quad f_{s,y} = \sqrt{3} * \sigma_y \,.$$

Bei $n = 10$ Wiederholungsmessungen und $t_P = 2.3$ liefern die Simulationen für x

roh	$\bar{x} = 4{,}700867$	$u_{\bar{x}} = 0{,}001195$
gerundet	$\bar{x} = 4{,}7009$	$u_{\bar{x}} = 0{,}0012$,

d. h. $\bar{x} - u_{\bar{x}} = 4{,}6997$, $\bar{x} + u_{\bar{x}} = 4{,}7021$ mit $4{,}6997 \le 4{,}7000 \le 4{,}7021$ und die Simulationen für y

roh	$\bar{y} = 4{,}50196$	$u_{\bar{y}} = 0{,}00237$
gerundet	$\bar{y} = 4{,}5020$	$u_{\bar{y}} = 0{,}0024$,

d. h. $\bar{y} - u_{\bar{y}} = 4{,}4996$, $\bar{y} + u_{\bar{y}} = 4{,}5044$ mit $4{,}4996 \le 4{,}5000 \le 4{,}5044$.

Die maximalen und minimalen Werte der partiellen Ableitung $\partial z/\partial x$ im Rechteck $\bar{x} \pm u_{\bar{x}}, y \pm u_{\bar{y}}$ unterscheiden sich um 0,00034; die partiellen Ableitung $\partial z/\partial y$ und $\partial z/\partial c$ um 0,00052 und 0,24940, beziehungsweise. Wie sich herausstellt, bleiben die Linearisierungsfehler ohne Einfluss auf die Resultatangabe $\bar{z} \pm u_{\bar{z}}$.
Die Unsicherheit der Messfunktion $z(x, y)$ in $(\bar{x}, \bar{y})$ ist nach (9.18) durch

$$u_{\bar{z}} = \frac{t_P(n-1)}{\sqrt{n}} \sqrt{\left(\frac{\partial z}{\partial \bar{x}}\right)^2 s_x^2 + 2\left(\frac{\partial z}{\partial \bar{x}}\right)\left(\frac{\partial z}{\partial \bar{y}}\right) s_{xy} + \left(\frac{\partial z}{\partial \bar{y}}\right)^2 s_y^2}$$
$$+ \left|\frac{\partial z}{\partial \bar{x}}\right| f_{s,x} + \left|\frac{\partial z}{\partial \bar{y}}\right| f_{s,y} + \left|\frac{\partial z}{\partial \bar{c}}\right| f_{s,c}$$

gegeben. Wir haben

roh	$\bar{z} = 0{,}752677$	$u_{\bar{z}} = 0{,}010459$
gerundet	$\bar{z} = 0{,}753$	$u_{\bar{z}} = 0{,}011$,

d. h. $\bar{z} - u_{\bar{z}} = 0{,}742$, $\bar{z} + u_{\bar{z}} = 0{,}764$, so dass $0{,}742 \le 0{,}7614 \le 0{,}764$.

10 Fortpflanzen von Messfehlern, *m* Variable

Die Formalismen der Fehlerfortpflanzung sollten den Fluss wahrer Werte bewahren.

10.1 Heuristischer Ansatz

Wir fragen nach der Unsicherheit u_ϕ einer Funktion $\phi(x_1, x_2, \ldots, x_m)$ für Messresultate

$$\bar{x}_1 \pm u_{\bar{x}_1}\ , \quad \bar{x}_2 \pm u_{\bar{x}_2}\ , \ \ldots\ \bar{x}_m \pm u_{\bar{x}_m}\ .$$

Analog zu (9.1) sollte

$$u_{\bar{\phi}} = \left|\frac{\partial \phi}{\partial \bar{x}_1}\right| u_{\bar{x}_1} + \left|\frac{\partial \phi}{\partial \bar{x}_2}\right| u_{\bar{x}_2} + \ldots + \left|\frac{\partial \phi}{\partial \bar{x}_m}\right| u_{\bar{x}_m} \tag{10.1}$$

ein vertretbarer Ansatz sein. Verfolgen wir den Fluss der Messfehler.

10.2 Messreihen und Datentupel

Bezeichne

$$x_{0,1}\,,\ x_{0,2}\,,\ \ldots\,,\ x_{0,m}$$

das m Tupel der wahren Werte der Eingangsdaten $\bar{x}_i$; $i = 1, \ldots, m$. Die Fehlergleichungen nach (2.8) und (2.9) lauten

$$\begin{aligned} x_{il} &= x_{0,i} + (x_{il} - \mu_i) + f_i\ ; \quad i = 1, \ldots, m\ ; \quad l = 1, \ldots, n \\ \bar{x}_i &= x_{0,i} + (\bar{x}_i - \mu_i) + f_i\ ; \qquad -f_{s,i} \le f_i \le f_{s,i}\ . \end{aligned}$$

M. Grabe, *Grundriss der generalisierten Gauß'schen Fehlerrechnung*.
DOI 10.1007/978-3-642-17822-1, © Springer 2011

Wir betrachten entweder m Messreihen zu jeweils n Wiederholungsmessungen oder alternativ n m-Tupel von Messdaten

$$\begin{array}{ll}
x_{11},\; x_{12},\; \ldots, x_{1l} \;\ldots, x_{1n} & \text{Apparatur}_1 \\
\quad\quad\quad\quad \downarrow & \\
x_{21},\; x_{22},\; \ldots, x_{2l} \;\ldots, x_{2n} & \text{Apparatur}_2 \\
\quad\quad\quad\quad \downarrow & \\
\ldots\; \ldots\; \ldots\; \ldots\; \ldots\; \ldots & \\
\quad\quad\quad\quad \downarrow & \\
x_{m1},\; x_{m2},\; \ldots, x_{ml} \;\ldots, x_{mn} & \text{Apparatur}_m \;.
\end{array}$$

Offensichtlich sind die m-Tupel

$$(x_{11}, x_{21}, \ldots, x_{m1}), \quad (x_{12}, x_{22}, \ldots, x_{m2}), \ldots$$
$$(x_{1l}, x_{2l}, \ldots, x_{ml}), \ldots \; (x_{1n}, x_{2n}, \ldots, x_{mn}) \tag{10.2}$$

voneinander unabhängig. Je nach experimenteller Gegebenheit können die Daten $x_{1l}, x_{2l}, \ldots, x_{ml}$ *innerhalb* eines Tupels voneinander abhängen oder nicht.

10.3 Reihenentwicklungen

Wir entwickeln die Funktion $\phi(x_1, x_2, \ldots, x_m)$ zweifach in der Umgebung des Punktes $x_{0,1}, x_{0,2}, \ldots, x_{0,m}$, zum einen bezüglich der n m-Tupel $(x_{1l}, x_{2l}, \cdots, x_{ml})$; $l = 1, 2, \ldots, n$

$$\phi(x_{1l}, x_{2l}, \ldots x_{ml}) = \phi(x_{0,1}, x_{0,2}, \ldots x_{0,m}) + \sum_{i=1}^{m} \frac{\partial \phi}{\partial x_{0,i}} (x_{il} - \mu_i) + \sum_{i=1}^{m} \frac{\partial \phi}{\partial x_{0,i}} f_i + \cdots \;; \; l = 1, \ldots, n$$

und zum anderen bezüglich der m Mittel $\bar{x}_1, \bar{x}_2, \ldots, \bar{x}_m$

$$\phi(\bar{x}_1, \bar{x}_2, \ldots \bar{x}_m) = \phi(x_{0,1}, x_{0,2}, \ldots x_{0,m}) + \sum_{i=1}^{m} \frac{\partial \phi}{\partial x_{0,i}} (\bar{x}_i - \mu_i) + \sum_{i=1}^{m} \frac{\partial \phi}{\partial x_{0,i}} f_i + \cdots \,.$$

Approximativ ersetzen wir $\partial \phi / \partial x_{0,i}$ durch $\partial \phi / \partial \bar{x}_i$, brechen die Entwicklungen nach den linearen Gliedern ab und stellen die Entwicklungen der besseren Übersichtlichkeit halber als Gleichungen dar, was selbstredend unzulässig ist. Dann haben wir

$$\phi(x_{1l}, x_{2l}, \dots x_{ml}) = \phi(x_{0,1}, x_{0,2}, \dots x_{0,m}) + \sum_{i=1}^{m} \frac{\partial \phi}{\partial \bar{x}_i}(x_{il} - \mu_i) + \sum_{i=1}^{m} \frac{\partial \phi}{\partial \bar{x}_i} f_i \; ; \quad l = 1, \dots, n \tag{10.3}$$

und

$$\phi(\bar{x}_1, \bar{x}_2, \dots \bar{x}_m) = \phi(x_{0,1}, x_{0,2}, \dots x_{0,m}) + \sum_{i=1}^{m} \frac{\partial \phi}{\partial \bar{x}_i}(\bar{x}_i - \mu_i) + \sum_{i=1}^{m} \frac{\partial \phi}{\partial \bar{x}_i} f_i \; . \tag{10.4}$$

Subtrahieren liefert

$$\phi(x_{1l}, x_{2l}, \dots x_{ml}) - \phi(\bar{x}_1, \bar{x}_2, \dots \bar{x}_m) = \sum_{i=1}^{m} \frac{\partial \phi}{\partial \bar{x}_i}(x_{il} - \bar{x}_i) \; ; \quad l = 1, \dots, n \; , \tag{10.5}$$

Summieren über l

$$\bar{\phi} = \frac{1}{n} \sum_{l=1}^{n} \phi(x_{1l}, x_{2l}, \dots, x_{ml}) \; . \tag{10.6}$$

10.4 Zufällige Fehler

Die Differenz (10.5) liefert die empirische Varianz der $\phi(x_{1l},\ x_{2l},\ \dots\ x_{ml})$; $l = 1, \dots, n$ bezüglich des Mittelwertes $\phi(\bar{x}_1, \bar{x}_2, \dots \bar{x}_m)$,

$$s_\phi^2 = \sum_{i,j}^{m} \frac{\partial \phi}{\partial \bar{x}_i} \frac{\partial \phi}{\partial \bar{x}_j} s_{ij} = \boldsymbol{b}^{\mathrm{T}} \boldsymbol{s}\, \boldsymbol{b} \; . \tag{10.7}$$

Hierin bezeichnen

$$\boldsymbol{s} = \begin{pmatrix} s_{11} & s_{12} & \dots & s_{1m} \\ s_{21} & s_{22} & \dots & s_{2m} \\ \dots & \dots & \dots & \dots \\ s_{m1} & s_{m2} & \dots & s_{mm} \end{pmatrix} \; ; \quad s_{ii} \equiv s_i^2 \; , \quad s_{ij} = s_{ji} \tag{10.8}$$

$$s_{ij} = \frac{1}{n-1} \sum_{l=1}^{n} (x_{il} - x_i)(x_{jl} - x_j) \; ; \quad i, j = 1, \dots, m$$

die empirische Varianz-Kovarianz Matrix der Eingangsdaten und

$$\boldsymbol{b} = \left(\frac{\partial \phi}{\partial \bar{x}_1} \quad \frac{\partial \phi}{\partial \bar{x}_2} \quad \cdots \quad \frac{\partial \phi}{\partial \bar{x}_m} \right)^{\mathrm{T}}$$

einen m-dimensionalen Hilfsvektor. Damit sind wir in der Lage, den Erwartungswert

$$\begin{aligned} \mu_\phi &= E\left\{\phi(\bar{X}_1, \bar{X}_2, \ldots, \bar{X}_m)\right\} \\ &= \phi(x_{0,1}, x_{0,2}, \ldots, x_{0,m}) + \sum_{i=1}^{m} \frac{\partial \phi}{\partial \bar{x}_i} f_i \end{aligned} \tag{10.9}$$

mittels des Vertrauensintervalls

$$\begin{aligned} &\phi(\bar{x}_1, \bar{x}_2, \ldots, \bar{x}_m) - \frac{t_P(n-1)}{\sqrt{n}} s_\phi \le \mu_\phi \\ &\le \phi(\bar{x}_1, \bar{x}_2, \ldots, \bar{x}_m) + \frac{t_P(n-1)}{\sqrt{n}} s_\phi \end{aligned} \tag{10.10}$$

zu lokalisieren; P legt die Höhe des Vertrauensniveaus fest.

10.5 Systematische Fehler

Nach ist (10.9) ist

$$f_\phi = \sum_{i=1}^{m} \frac{\partial \phi}{\partial \bar{x}_i} f_i \ ; \quad -f_{s,i} \le f_i \le f_{s,i} \tag{10.11}$$

der fortgepflanzte systematische Fehler.

10.6 Gesamtunsicherheit

Zusammenfassen des Vertrauensintervalls (10.10) mit der Worst-Case Abschätzung von (10.11) definiert das Messresultat

$$\begin{aligned} &\phi(\bar{x}_1, \ldots, \bar{x}_m) - u_{\bar{\phi}} \le \phi(x_{0,1}, \ldots, x_{0,m}) \le \phi(\bar{x}_1, \ldots, \bar{x}_m) + u_{\bar{\phi}} \\ &u_{\bar{\phi}} = \frac{t_P(n-1)}{\sqrt{n}} \sqrt{\boldsymbol{b}^{\mathrm{T}} \boldsymbol{s}\, \boldsymbol{b}} + \sum_{i=1}^{m} \left| \frac{\partial \phi}{\partial \bar{x}_i} \right| f_{s,i} \ ; \end{aligned} \tag{10.12}$$

$u_{\bar{\phi}}$ bezeichnet die Gesamtunsicherheit.

10.7 Robustes Schätzen

Ersetzen wir die empirischen Kovarianzen s_{ij} analog (9.20) durch die oberen Intervallgrenzen $s_i s_j$, so geht (10.12) in die robustere Schätzung

$$u_{\bar{\phi}} \leq \sum_{i=1}^{m} \left| \frac{\partial \phi}{\partial \bar{x}_i} \right| u_{\bar{x}_i} \tag{10.13}$$

über.

Beispiel

Traceability, symbolisch.

Gegeben Messresultate

$$\begin{aligned}
\bar{\beta}_1 - u_{\bar{\beta}_1} &\leq \beta_{0,1} \leq \bar{\beta}_1 + u_{\bar{\beta}_1} \\
\bar{\beta}_2 - u_{\bar{\beta}_2} &\leq \beta_{0,2} \leq \bar{\beta}_2 + u_{\bar{\beta}_2} \\
\bar{\beta}_3 - u_{\bar{\beta}_3} &\leq \beta_{0,3} \leq \bar{\beta}_3 + u_{\bar{\beta}_3}
\end{aligned}$$

und eine Verknüpfung $\phi(\beta_1, \beta_2, \beta_3)$. Sei

$$\beta_{0,4} = \phi(\beta_{0,1}, \beta_{0,2}, \beta_{0,3})$$

deren wahrer Wert. Die Verknüpfung

$$\phi(\bar{\beta}_1 \pm u_{\bar{\beta}_1}, \bar{\beta}_2 \pm u_{\bar{\beta}_2}, \bar{\beta}_3 \pm u_{\bar{\beta}_3}) \Rightarrow \bar{\beta}_4 \pm u_{\bar{\beta}_4}$$

sollte, wie seitens der Rückverfolgbarkeit oder der Traceability zu fordern, den wahren Wert $\beta_{0,4}$ lokalisieren,

$$\bar{\beta}_4 - u_{\bar{\beta}_4} \leq \beta_{0,4} \leq \bar{\beta}_4 + u_{\bar{\beta}_4} \ ,$$

Abb. 10.1. Gehen wir noch einen Schritt weiter und nehmen wir an, es sei möglich, β_4 direkt zu messen. Dann sollte sich das Unsicherheitsintervall

$$\bar{\beta}'_4 - u_{\bar{\beta}'_4} \leq \beta_{0,4} \leq \bar{\beta}'_4 + u_{\bar{\beta}'_4}$$

dieses letzteren Resultates mit dem des vorherigen überlappen.

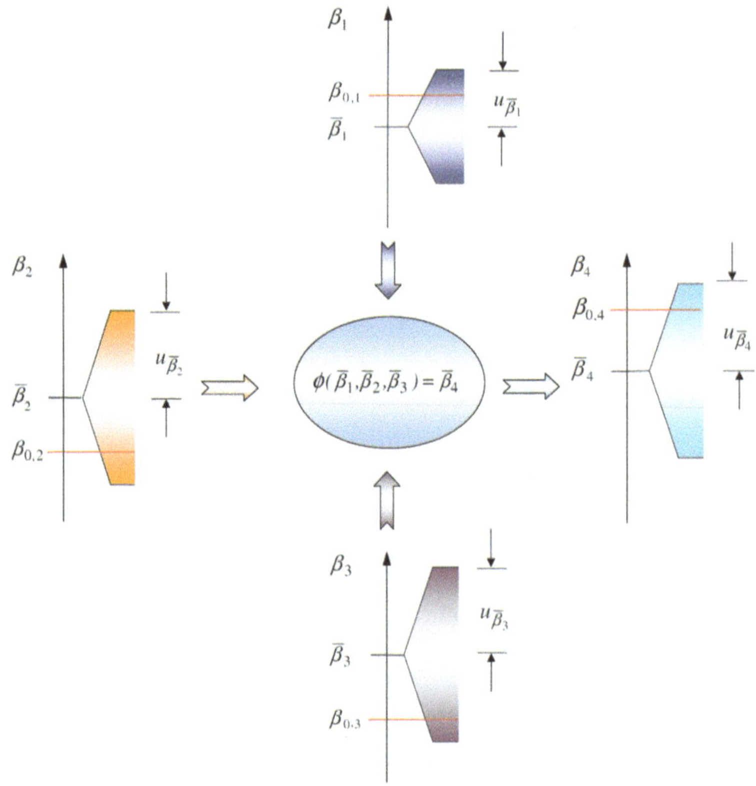

Abb. 10.1 Das Verknüpfen mehrerer Messresultate, etwa $\bar{\beta}_1, \bar{\beta}_2, \bar{\beta}_3$ zu $\bar{\beta}_4 = \phi(\bar{\beta}_1, \bar{\beta}_2, \bar{\beta}_3)$, sollte den Fluss wahrer Werte bewahren, d. h. $\bar{\beta}_4 \pm u_{\bar{\beta}_4}$ sollte den wahren Wertes $\beta_{0,4}$ lokalisieren

11 Verkettete Verknüpfungsfunktionen

Messungen stützen sich in der Regel auf verkettete Verknüpfungen.

11.1 Reihenentwicklungen

Betrachten wir eine Funktion $\Gamma[y, \phi(x, y)]$. Die Messgrößen x und y fließen über $\phi(x, y)$ ein, die Variable y gehe direkt ein. Fragen wir nach der Unsicherheit $u_{\Gamma[y,\phi(x,y)]}$.

Wir haben

$$\begin{aligned}\phi(x_l, y_l) &= \phi(x_0, y_0) \\ &+ \frac{\partial \phi}{\partial \bar{x}}(x_l - \mu_x) + \frac{\partial \phi}{\partial \bar{y}}(y_l - \mu_y) + \frac{\partial \phi}{\partial \bar{x}} f_x + \frac{\partial \phi}{\partial \bar{y}} f_y \ ; \quad l = 1, \ldots, n \ . \end{aligned} \tag{11.1}$$

Mit

$$\mu_\phi = E\{\phi(X, Y)\} = \phi(x_0, y_0) + \frac{\partial \phi}{\partial \bar{x}} f_x + \frac{\partial \phi}{\partial \bar{y}} f_y$$

und

$$f_\phi = \frac{\partial \phi}{\partial \bar{x}} f_x + \frac{\partial \phi}{\partial \bar{y}} f_y \ ; \qquad -f_{s,x} \le f_x \le f_{s,x} \ , \qquad -f_{s,y} \le f_y \le f_{s,y} \tag{11.2}$$

finden wir, wenn wir abkürzend $\phi_l = \phi(x_l, y_l)$; $l = 1, \ldots, n$ setzen,

$$\phi_l = \phi(x_0, y_0) + (\phi_l - \mu_\phi) + f_\phi \ .$$

Analog stellen wir

$$\begin{aligned}\phi(\bar{x}, \bar{y}) &= \phi(x_0, y_0) \\ &+ \frac{\partial \phi}{\partial \bar{x}}(\bar{x} - \mu_x) + \frac{\partial \phi}{\partial \bar{y}}(\bar{y} - \mu_y) + \frac{\partial \phi}{\partial \bar{x}} f_x + \frac{\partial \phi}{\partial \bar{y}} f_y \end{aligned} \tag{11.3}$$

M. Grabe, *Grundriss der generalisierten Gauß'schen Fehlerrechnung*.
DOI 10.1007/978-3-642-17822-1, © Springer 2011

in Form von

$$\phi(\bar{x}, \bar{y}) = \phi(x_0, y_0) + (\bar{\phi} - \mu_\phi) + f_\phi$$

dar. Die Differenz der Entwicklungen (11.1) und (11.3) zeigt

$$\phi(x_l, y_l) - \phi(\bar{x}, \bar{y}) = \frac{\partial \phi}{\partial \bar{x}}(x_l - \bar{x}) + \frac{\partial \phi}{\partial \bar{y}}(y_l - \bar{y}) \; ; \quad l = 1, \ldots, n \; . \tag{11.4}$$

Aufsummieren führt auf

$$\bar{\phi} = \frac{1}{n} \sum_{l=1}^{n} \phi(x_l, y_l) \; .$$

Des Weiteren haben wir

$$\begin{aligned} \Gamma(y_l, \phi_l) &= \Gamma[y_0, \phi(x_0, y_0)] \\ &+ \frac{\partial \Gamma}{\partial \bar{y}}(y_l - \mu_y) + \frac{\partial \Gamma}{\partial \bar{\phi}}[\phi_l - \mu_\phi] + \frac{\partial \Gamma}{\partial \bar{y}} f_y + \frac{\partial \Gamma}{\partial \bar{\phi}} f_\phi \; ; \quad l = 1, \ldots, n \end{aligned} \tag{11.5}$$

und analog

$$\begin{aligned} \Gamma(\bar{y}, \bar{\phi}) &= \Gamma[y_0, \phi(x_0, y_0)] \\ &+ \frac{\partial \Gamma}{\partial \bar{y}}(\bar{y} - \mu_y) + \frac{\partial \Gamma}{\partial \bar{\phi}}[\bar{\phi} - \mu_\phi] + \frac{\partial \Gamma}{\partial \bar{y}} f_y + \frac{\partial \Gamma}{\partial \bar{\phi}} f_\phi \; . \end{aligned} \tag{11.6}$$

Subtraktion der Entwicklungen (11.5) und (11.6) und Einsetzen von (11.4) liefert

$$\Gamma(y_l, \phi_l) - \Gamma(\bar{y}, \bar{\phi}) = \frac{\partial \Gamma}{\partial \bar{\phi}} \frac{\partial \phi}{\partial \bar{x}}(x_l - \bar{x}) + \left[\frac{\partial \Gamma}{\partial \bar{y}} + \frac{\partial \Gamma}{\partial \bar{\phi}} \frac{\partial \phi}{\partial \bar{y}} \right](y_l - \bar{y}) \; . \tag{11.7}$$

Einsetzen von (11.2) in (11.6) zeigt den fortgepflanzten systematischen Fehler

$$f_\Gamma = \frac{\partial \Gamma}{\partial \bar{\phi}} \frac{\partial \phi}{\partial \bar{x}} f_x + \left[\frac{\partial \Gamma}{\partial \bar{y}} + \frac{\partial \Gamma}{\partial \bar{\phi}} \frac{\partial \phi}{\partial \bar{y}} \right] f_y \; . \tag{11.8}$$

Führen wir abkürzend noch

$$b_x = \frac{\partial \Gamma}{\partial \bar{\phi}} \frac{\partial \phi}{\partial \bar{x}} \, , \quad b_y = \frac{\partial \Gamma}{\partial \bar{y}} + \frac{\partial \Gamma}{\partial \bar{\phi}} \frac{\partial \phi}{\partial \bar{y}} \tag{11.9}$$

ein. Wir haben dann

$$\Gamma(y_l, \phi_l) - \Gamma(\bar{y}, \bar{\phi}) = b_x(x_l - \bar{x}) + b_y(y_l - \bar{y}) \tag{11.10}$$

und

$$f_\Gamma = b_x f_x + b_y f_y \; . \tag{11.11}$$

11.2 Gesamtunsicherheit

Das Messresultat lautet nach allem

$$\Gamma(\bar{y},\bar{\phi}) - u_{\bar{\Gamma}} \le \Gamma[y_0,\phi(x_0,y_0)] \le \Gamma(\bar{y},\bar{\phi}) + u_{\bar{\Gamma}}$$

$$u_{\bar{\Gamma}} = \frac{t_P(n-1)}{\sqrt{n}}\sqrt{b_x^2 s_x^2 + 2b_x b_y s_{xy} + b_y^2 s_y^2} + \mid b_x \mid f_{s,x} + \mid b_y \mid f_{s,y}\,. \quad (11.12)$$

11.3 Empirische Pseudokovarianz

Verzichtete man darauf, die Entwicklung (11.4) in die Differenz von (11.5) und (11.6),

$$\Gamma(y_l,\phi_l) - \Gamma(\bar{y},\bar{\phi}) = \frac{\partial\Gamma}{\partial\bar{y}}(y_l-\bar{y}) + \frac{\partial\Gamma}{\partial\bar{\phi}}(\phi_l-\bar{\phi})\,, \quad (11.13)$$

einzusetzen, so zöge das eine empirische Kovarianz, nämlich

$$s_{y\phi} = \frac{1}{n}\sum_{l=1}^{n}(y_l-\bar{y})(\phi_l-\phi)\,.$$

nach sich. Zwar wäre es möglich, damit zu arbeiten, machte aber den Formalismus nicht überschaubarer. Eher ist $s_{y\phi}$ eine *Pseudokovarianz*, die bei Rückkehr zu den Variablen x und y verschwindet.

11.4 Nichteindeutigkeit des systematischen Fehlers

Würden wir den in (11.5) sichtbaren systematischen Fehler

$$f_\Gamma = \frac{\partial\Gamma}{\partial\bar{y}}f_y + \frac{\partial\Gamma}{\partial\bar{\phi}}f_\phi$$

der Worst-Case Abschätzung unterwerfen,

$$f_{s,\Gamma}^{*} = \left|\frac{\partial\Gamma}{\partial\bar{y}}\right| f_{s,y} + \left|\frac{\partial\Gamma}{\partial\bar{\phi}}\right| f_{s,\phi}\,,$$

und die Worst-Case Abschätzung von (11.2),

$$f_{s,\phi} = \left|\frac{\partial\phi}{\partial\bar{x}}\right| f_{s,x} + \left|\frac{\partial\phi}{\partial y}\right| f_{s,y}\,,$$

einsetzen, so führte das auf

$$f_{s,\Gamma}^{*} = \left| \frac{\partial \Gamma}{\partial \bar{\phi}} \frac{\partial \phi}{\partial \bar{x}} \right| f_{s,x} + \left[\left| \frac{\partial \Gamma}{\partial \bar{y}} \right| + \left| \frac{\partial \Gamma}{\partial \bar{\phi}} \frac{\partial \phi}{\partial \bar{y}} \right| \right] f_{s,y} \,.$$

Dieser Ausdruck unterscheidet sich von der Worst-Case Abschätzung (11.8),

$$f_{s,\Gamma} = \left| \frac{\partial \Gamma}{\partial \bar{\phi}} \frac{\partial \phi}{\partial \bar{x}} \right| f_{s,x} + \left| \frac{\partial \Gamma}{\partial \bar{y}} + \frac{\partial \Gamma}{\partial \bar{\phi}} \frac{\partial \phi}{\partial \bar{y}} \right| f_{s,y} \,.$$

Offenkundig ist $f_{s,\Gamma}^{*}$ das Resultat einer inkonsistenten und $f_{s,\Gamma}$ das Resultat einer konsistenten Fortpflanzung systematischer Messfehler. – Um die Fortpflanzung systematischer Fehler eindeutig zu halten, müssen mehrfach vorkommende systematische Fehler vor der finalen Worst-Case Abschätzung zusammengefasst, d. h. ausgeklammert werden.

Teil IV
Verknüpfen von Mitteln

12 Zwei Mittel

Gegeben Messresultate

$$\bar{x} \pm \left(\frac{t_P(n-1)}{\sqrt{n}} s_x + f_{s,x} \right) \quad \text{und} \quad \bar{y} \pm \left(\frac{t_P(n-1)}{\sqrt{n}} s_y + f_{s,y} \right) ,$$

gefragt die Unsicherheiten der Summe, der Differenz, des Produktes und des Quotienten. Schließlich interessiere der klassische Hypothesen-Test für unterschiedlich viele und gleich viele Wiederholungsmessungen.

12.1 Summe

Betrachten wir

$$\phi(x, y) = x + y . \tag{12.1}$$

Die Differenz der Fehlergleichungen

$$\phi(x_l, y_l) = x_0 + y_0 + (x_l - \mu_x) + (y_l - \mu_y) + f_x + f_y ; \quad l = 1, 2, \ldots, n$$

$$\phi(\bar{x}, \bar{y}) = x_0 + y_0 + (\bar{x} - \mu_x) + (\bar{y} - \mu_y) + f_x + f_y$$

liefert

$$\phi(x_l, y_l) - \phi(\bar{x}, \bar{y}) = (x_l - \bar{x}) + (y_l - \bar{y}) ; \quad l = 1, 2, \ldots, n .$$

Wir haben

$$\bar{\phi} = \frac{1}{n} \sum_{l=1}^{n} \phi(x_l, y_l)$$

und

$$s_\phi^2 = \frac{1}{n-1} \sum_{l=1}^{n} [\phi(x_l, y_l) - \phi(\bar{x}, \bar{y})]^2 = s_x^2 + 2s_{xy} + s_y^2 .$$

DOI 10.1007/978-3-642-17822-1,

Der Erwartungswert

$$\mu_\phi = E\{\phi(X,Y)\} = x_0 + y_0 + f_x + f_y$$

zeigt den fortgepflanzten systematischen Fehler

$$f_\phi = f_x + f_y\ , \quad -f_{s,x} \le f_x \le f_{s,x}\ , \quad -f_{s,y} \le f_x \le f_{s,y}\ .$$

Das Intervall

$$\phi(\bar{x},\bar{y}) - u_{\bar{\phi}} \le \phi(x_0,y_0) \le \phi(\bar{x},\bar{y}) + u_{\bar{\phi}}$$

$$u_{\bar{\phi}} = \frac{t_P(n-1)}{\sqrt{n}}\sqrt{s_x^2 + 2s_{xy} + s_y^2} + (f_{s,x} + f_{s,y}) \qquad (12.2)$$

sollte den wahren Wert $\phi(x_0, y_0) = x_0 + y_0$ lokalisieren. Sind die Messreihen unabhängig voneinander, können wir s_{xy} wegen $-s_x s_y < s_{xy} < s_x s_y$ durch $s_x s_y$ ersetzen. Mit

$$s_\phi \le \sqrt{s_x^2 + 2s_x s_y + s_y^2} = s_x + s_y$$

wird

$$u_{\bar{\phi}} \le u_{\bar{x}} + u_{\bar{y}}\ . \qquad (12.3)$$

12.2 Differenz

Wenden wir uns der Differenz

$$\phi(x,y) = x - y \qquad (12.4)$$

zu unter der Prämisse, den Mitteln $\bar{x}$ und $\bar{y}$ läge derselbe wahre Wert $x_0 = y_0 = z_0$ zugrunde, Abb. 12.1. Um wieviel dürfen $\bar{x}$ und $\bar{y}$ sich unterscheiden, um noch als miteinander verträglich zu gelten?

Die Fehlergleichungen

$$\phi(x_l,y_l) = x_0 - y_0 + (x_l - \mu_x) - (y_l - \mu_y) + f_x - f_y\ ; \quad l = 1,2,\dots,n$$

$$\phi(\bar{x},\bar{y}) = x_0 - y_0 + (\bar{x} - \mu_x) - (\bar{y} - \mu_y) + f_x - f_y$$

liefern

$$\phi(x_l,y_l) - \phi(\bar{x},\bar{y}) = (x_l - \bar{x}) - (y_l - \bar{y})\ ; \quad l = 1,2,\dots,n\ ,$$

sodass

$$\bar{\phi} = \frac{1}{n}\sum_{l=1}^{n}\phi(x_l,y_l)$$

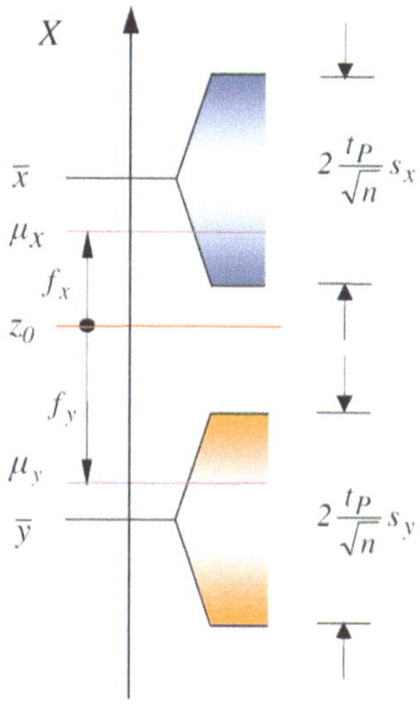

Abb. 12.1 Differenz zweier arithmetischer Mittel, die auf denselben wahren Wert z_0 Bezug nehmen

und

$$s_\phi^2 = s_x^2 - 2s_{xy} + s_y^2 \ .$$

Der Erwartungswert

$$\mu_\phi = E\{\phi(X, Y)\} = (x_0 + f_x) - (y_0 + f_y) = \mu_x - \mu_y$$

leitet zum Student'schen

$$T(n-1) = \frac{(\bar{X} - \bar{Y}) - (\mu_x - \mu_y)}{S_\phi / \sqrt{n}} \tag{12.5}$$

über. Im Hinblick auf

$$f_\phi = f_x - f_y \ , \quad -f_{s,x} \le f_x \le f_{s,x} \ , \quad -f_{s,y} \le f_x \le f_{s,y}$$

sind die beiden Mittel miteinander verträglich, solange

$$|\ \bar{x} - \bar{y}\ | \le \frac{t_P(n-1)}{\sqrt{n}} \sqrt{s_x^2 - 2s_{xy} + s_y^2} + (f_{s,x} + f_{s,y}) \ . \tag{12.6}$$

Sind die Messreihen voneinander unabhängig, können wir s_{xy} wegen $-s_x s_y < s_{xy} < s_x s_y$ durch $s_x s_y$ ersetzen. Dann ist

$$|\ \bar{x} - \bar{y}\ | \le u_{\bar{x}} + u_{\bar{y}} \tag{12.7}$$

die robustere Abschätzung.

12.3 Produkt

Wir entwickeln das Produkt

$$\phi(x,y) = x\,y \tag{12.8}$$

und linearisieren,

$$\phi(x_l,y_l) = x_0 y_0 + \bar{y}(x_l-\mu_x) + \bar{x}(y_l-\mu_y) + \bar{y}\,f_x + \bar{x}\,f_y\;;\quad l=1,2,\dots,n$$

$$\phi(\bar{x},\bar{y}) = x_0 y_0 + \bar{y}(\bar{x}-\mu_x) + \bar{x}(\bar{y}-\mu_y) + \bar{y}\,f_x + \bar{x}\,f_y\;.$$

Aus

$$\phi(x_l,y_l) - \phi(\bar{x},\bar{y}) = \bar{y}(x_l-\bar{x}) + \bar{x}(y_l-\bar{y})\;;\quad l=1,2,\dots,n$$

folgen

$$\bar{\phi} = \frac{1}{n}\sum_{l=1}^{n}\phi(x_l,y_l)$$

und

$$s_{\bar{\phi}}^2 = \bar{y}^2 s_{\bar{x}}^2 + 2\bar{x}\,\bar{y}\,s_{xy} + \bar{x}^2 s_{\bar{y}}^2\;.$$

Der Erwartungswert

$$\mu_\phi = E\{\phi(X,Y)\} = x_0 y_0 + \bar{y}\,f_x + \bar{x}\,f_y$$

zeigt den fortgepflanzten systematischen Fehler

$$f_\phi = \bar{y}\,f_x + \bar{x}\,f_y\;,\quad -f_{s,x} \le f_x \le f_{s,x}\;,\quad -f_{s,y} \le f_x \le f_{s,y}\;.$$

Wir unterstellen, das Intervall

$$\phi(\bar{x},\bar{y}) - u_{\bar{\phi}} \le \phi(x_0,y_0) \le \phi(\bar{x},\bar{y}) + u_{\bar{\phi}}$$

$$u_{\bar{\phi}} = \frac{t_P(n-1)}{\sqrt{n}}\sqrt{\bar{y}^2 s_{\bar{x}}^2 + 2\bar{x}\,\bar{y} s_{xy} + \bar{x}^2 s_{\bar{y}}^2} + \mid \bar{y} \mid f_{s,x} + \mid \bar{x} \mid f_{s,y} \tag{12.9}$$

lokalisiere den wahren Wert $\phi(x_0,y_0) = x_0 y_0$. Eine robustere Abschätzung ist

$$u_{\bar{\phi}} \le \mid \bar{y} \mid u_{\bar{x}} + \mid \bar{x} \mid u_{\bar{y}}\;. \tag{12.10}$$

12.4 Quotient

Entwickeln und linearisieren von

$$\phi(x,y) = \frac{x}{y} \tag{12.11}$$

führt auf[1]

$$\phi(x_l, y_l) = \frac{x_0}{y_0} + \frac{1}{\bar{y}}(x_l - \mu_x) - \frac{\bar{x}}{\bar{y}^2}(y_l - \mu_y) + \frac{1}{\bar{y}} f_x - \frac{\bar{x}}{\bar{y}^2} f_y \; ; \quad l = 1, 2, \ldots, n$$

$$\phi(\bar{x}, \bar{y}) = \frac{x_0}{y_0} + \frac{1}{\bar{y}}(\bar{x} - \mu_x) - \frac{\bar{x}}{\bar{y}^2}(\bar{y} - \mu_y) + \frac{1}{\bar{y}} f_x - \frac{\bar{x}}{\bar{y}^2} f_y \; .$$

Wir entnehmen

$$\phi(x_l, y_l) - \phi(\bar{x}, \bar{y}) = \frac{1}{\bar{y}}(x_l - \bar{x}) - \frac{\bar{x}}{\bar{y}^2}(y_l - \bar{y})$$

das arithmetische Mittel

$$\bar{\phi} = \frac{1}{n} \sum_{l=1}^{n} \phi(x_l, y_l)$$

und die empirische Varianz

$$s_{\phi}^2 = \frac{1}{\bar{y}^2} s_x^2 - 2 \frac{\bar{x}}{\bar{y}^3} s_{xy} + \frac{\bar{x}^2}{\bar{y}^4} s_y^2 \; .$$

Der Erwartungswert

$$\mu_{\phi} = E\{\phi(X, Y)\} = \frac{x_0}{y_0} + \frac{1}{\bar{y}} f_x - \frac{\bar{x}}{\bar{y}^2} f_y$$

zeigt den fortgepflanzten systematischen Fehler

$$f_{\phi} = \frac{1}{\bar{y}} f_x - \frac{\bar{x}}{\bar{y}^2} f_y \; , \quad -f_{s,x} \le f_x \le f_{s,x} \; , \quad -f_{s,y} \le f_x \le f_{s,y} \; .$$

Wir unterstellen, das Intervall

$$\phi(\bar{x}, \bar{y}) - u_{\bar{\phi}} \le \phi(x_0, y_0) \le \phi(\bar{x}, \bar{y}) + u_{\bar{\phi}}$$

$$u_{\bar{\phi}} = \frac{t_P(n-1)}{\sqrt{n}} \sqrt{\frac{1}{\bar{y}^2} s_x^2 - 2 \frac{\bar{x}}{\bar{y}^3} s_{xy} + \frac{\bar{x}^2}{\bar{y}^4} s_y^2} + \frac{1}{|\,\bar{y}\,|} f_{s,x} + \frac{|\,\bar{x}\,|}{|\,\bar{y}^2\,|} f_{s,y} \tag{12.12}$$

---

[1] Sind X und Y standardisierte, normalverteilte Zufallsvariable, so folgt der Quotient $U = X/Y$ einer Cauchy Verteilung. Bekanntlich sind $E\{U\}$ und $E\{U^2\}$ nicht definiert. Demgegenüber arbeiten wir mit einer linearisierten Taylor'schen Entwicklung. In dieser Approximation werden die $\phi(x_l, y_l)$; $l = 1, \ldots, n$ als normalverteilt betrachtet.

lokalisiere den wahren Wert x_0/y_0. Eine robustere Abschätzung ist

$$u_{\bar{\phi}} = \frac{1}{|\bar{y}|}u_{\bar{x}} + \frac{|\bar{x}|}{\bar{y}^2}u_{\bar{y}} \ . \tag{12.13}$$

12.5 Klassischer Hypothesen-Test

Die klassische Fehlerrechnung stützt den Hypothesen-Test jedenfalls im Allgemeinen auf unterschiedlich viele Wiederholungsmessungen. Wir stellen diese Vorgehensweise dem Konzept wohldefinierter Messbedingungen gegenüber. Den Betrachtungen liege die Differenz zweier voneinander unabhängiger arithmetischer Mittel zugrunde,

$$\bar{x}_1 = \frac{1}{n}\sum_{l=1}^{n_1} x_{1l} \ , \quad \bar{x}_2 = \frac{1}{n}\sum_{l=1}^{n_2} x_{2l} \ . \tag{12.14}$$

Der Einfachheit halber sehen wir momentan von systematischen Fehlern ab.

Wir unterstellen $\mu_i = \mu$ und $\sigma_i^2 = \sigma^2$; $i = 1, 2$. Zwar gilt $n_1 \neq n_2$, dessenungeachtet lässt sich die *theoretische* Varianz der Differenz $\bar{Z} = \bar{X}_1 - \bar{X}_2$ bilden,

$$\begin{aligned}
\sigma_{\bar{z}}^2 &= E\left\{\left[(\bar{X}_1 - \mu) - (\bar{X}_2 - \mu)\right]^2\right\} \\
&= E\left\{(\bar{X}_1 - \mu)^2\right\} - 2E\left\{(\bar{X}_1 - \mu)(\bar{X}_2 - \mu)\right\} + E\left\{(\bar{X}_2 - \mu)^2\right\} \\
&= \frac{\sigma_1^2}{n_1} + \frac{\sigma_2^2}{n_2} = \sigma^2 \frac{n_1 + n_2}{n_1 n_2} \ .
\end{aligned}$$

Zunächst jedenfalls zieht die Prämisse $n_1 \neq n_2$ keine Probleme nach sich. Die Zufallsvariable $\bar{Z}$ genügt einer

$$N\left(0, \sigma\sqrt{\frac{n_1 + n_2}{n_1 n_2}}\right)$$

Dichte. Des weiteren führen wir die normalisierte Zufallsvariable

$$\frac{(\bar{X}_1 - \bar{X}_2)}{\sigma\sqrt{\dfrac{n_1 + n_2}{n_1 n_2}}}$$

ein. Der Schätzer s^2 der theoretischen Varianz σ^2 sollte sich auf beide Datensets

$$x_{1,1}, x_{1,2}, \ldots, x_{1,n_1} \quad \text{und} \quad x_{2,1}, x_{2,2}, \ldots, x_{2,n_2}$$

stützen. Wegen $\mu_1 = \mu_2$, $\sigma_1^2 = \sigma_2^2$ und der Unabhängigkeit der Sets dürfen die zugehörigen χ^2-s addiert werden. Der Freiheitsgrad der Summe

$$\chi_1^2(n_1 - 1) + \chi_1^2(n_2 - 1)$$

ist durch $n_1 + n_2 - 2$ gegeben.[2] Wir haben dann

$$\chi^2(\nu^*) = \frac{(n_1 - 1)S_1^2 + (n_2 - 1)S_2^2}{\sigma^2} \; ; \quad \nu^* = n_1 + n_2 - 2$$

Das so definierte

$$\chi^2(\nu^*) = \frac{\nu^* s^2}{\sigma^2}$$

führt einerseits zur empirischen Varianz

$$s^2 = \frac{\sum\limits_{l=1}^{n_1} (x_{1,l} - \bar{x}_1)^2 + \sum\limits_{l=1}^{n_2} (x_{2,l} - \bar{x}_2)^2}{n_1 + n_2 - 2}$$

und andererseits zum Student'schen

$$T(\nu^*) = \frac{\dfrac{\bar{X}_1 - \bar{X}_2}{\sigma\sqrt{(n_1 + n_2)/(n_1 n_2)}}}{\sqrt{\dfrac{\chi^2(\nu^*)}{\nu^*}}} \, ,$$

ausführlicher

$$T(\nu^*) = \frac{\dfrac{\bar{X}_1 - \bar{X}_2}{\sigma\sqrt{(n_1 + n_2)/(n_1 n_2)}}}{\sqrt{\dfrac{(n_1 - 1)S_1^2 + (n_2 - 1)S_2^2}{\sigma^2}}} \sqrt{n_1 + n_2 - 2} \, . \tag{12.15}$$

Bemerkenswerterweise hat sich $T(\nu^*)$ außerhalb des zweidimensionalen Modells normalverteilter Zufallsvariablen bildet lassen – obwohl doch dafür gleich viele Wiederholungsmessungen und die Mitnahme der empirischen Kovarianz erforderlich gewesen wären. Indessen fällt die empirische Kovarianz beim Bilden des Erwartungswertes heraus, d. h. sie tritt erst gar nicht auf. Um (12.15) mit (12.5) vergleichen zu können, setzen wir in (12.15) $n_1 = n_2 = n$,

$$T(\nu^*) = \frac{\bar{X}_1 - \bar{X}_2}{\sqrt{S_1^2 + S_2^2}} \sqrt{n} \, . \tag{12.16}$$

[2] Siehe z. B. [32], S. 283 ff.

Der besseren Übersichtlichkeit halber geben wir (12.5) die Form

$$T(\nu) = \frac{\bar{X}_1 - \bar{X}_2}{\sqrt{S_1^2 - 2S_{12} + S_2^2}}\sqrt{n}\,. \tag{12.17}$$

Während (12.16) Bezug auf $\nu^* = 2(n-1)$ Freiheitsgrade nimmt, stützt sich (12.17) auf $\nu = (n-1)$ Freiheitsgrade, wobei $t_P(2\nu) < t_P(\nu)$.

Solange die Zufallsvariablen $\bar{X}_1$, $\bar{X}_2$ voneinander unabhängig sind, haben (12.16) und (12.17) gleiche statistische Eigenschaften und definieren dementsprechend statistisch gleichwertige Vertrauensintervalle

$$\begin{aligned}&(\bar{X}_1 - \bar{X}_2) - t_P(2\nu)\sqrt{S_1^2 + S_2^2}/\sqrt{n}\\ &\quad \le 0 \le (\bar{X}_1 - \bar{X}_2) + t_P(2\nu)\sqrt{S_1^2 + S_2^2}/\sqrt{n}\end{aligned} \tag{12.18}$$

und

$$\begin{aligned}&(\bar{X}_1 - \bar{X}_2) - t_P(\nu)\sqrt{S_1^2 - 2S_{12} + S_2^2}/\sqrt{n}\\ &\quad \le 0 \le (\bar{X}_1 - \bar{X}_2) + t_P(\nu)\sqrt{S_1^2 - 2S_{12} + S_2^2}/\sqrt{n}\,.\end{aligned} \tag{12.19}$$

Besteht indessen eine Abhängigkeit, wird (12.16) ungültig, nicht aber (12.17).

Lassen wir abschließend ungleiche Streuzentren $\mu_1 \neq \mu_2$ und ungleiche theoretische Varianzen $\sigma_1^2 \neq \sigma_2^2$ zu. Dann impliziert (12.5) im Grunde genommen schon das klassische *Fisher-Behrens Problem*. Letzteres wird traditionell unter der Prämisse $n_1 \neq n_2$ diskutiert – d. h. außerhalb des zweidimensionalen Modells normalverteilter Zufallsvariabler. Nach Wissen des Autors hat sich eine exakte Lösung nicht finden lassen.

Setzt man indessen $n_1 = n_2$, legt also wohldefinierte Messbedingungen zugrunde, so definiert (12.5) zweifellos ein exaktes

$$T(\nu) = \frac{(\bar{X}_1 - \bar{X}_2) - (\mu_1 - \mu_2)}{\sqrt{S_1^2 - 2S_{12} + S_2^2}}\sqrt{n}\,. \tag{12.20}$$

Der Schlüssel zur Lösung liegt in der nur für $n_1 = n_2$ definierten empirischen Kovarianz S_{12}. Aus dieser Sicht ist das Fisher–Behrens Problem *schlecht definiert.*

13 Mitteln von Mitteln

Mitteln von Mitteln vergrößert die Messunsicherheit – von einer Ausnahme abgesehen.

13.1 Mittel zweier Mittel

Wenden wir uns zunächst dem Mittel zweier Mittel zu. Im Prinzip sollte es genügen, Aussage (12.1) durch 2 zu dividieren,

$$\phi(\bar{x}, \bar{y}) = \frac{1}{2}(\bar{x} + \bar{y}) \, .$$

Sofern $x_0 = y_0$, steht dem Resultat

$$\begin{aligned} \phi(\bar{x}, \bar{y}) - u_{\bar{\phi}} \leq \frac{1}{2}(x_0 + y_0) &\leq \phi(\bar{x}, \bar{y}) + u_{\bar{\phi}} \\ u_{\bar{\phi}} &= \frac{1}{2}(u_{\bar{x}} + u_{\bar{y}}) \end{aligned}$$

nichts im Wege. Hätten wir allerdings mit $x_0 \neq y_0$ zu rechnen, bliebe zu klären, inwieweit sich das Mittel zweier physikalisch unterschiedlicher wahrer Werte der metrologischen Interpretation zugänglich zeigte. – Aus metrologischer Sicht sollte zu mittelnden Mitteln eigentlich schon derselbe wahre Wert zugrunde liegen.

Wir unterstellen $x_0 = y_0$ und setzen im Sinne eines Beispiels willkürlich $u_{\bar{y}} = 2\,u_{\bar{x}}$. Nach

$$u_{\bar{\phi}} = \frac{1}{2}(u_{\bar{x}} + u_{\bar{y}}) = \frac{3}{2}\,u_{\bar{x}}$$

ist die Unsicherheit $u_{\bar{\phi}}$ größer als die niedrigere Unsicherheit $u_{\bar{x}}$. So gesehen haben wir durch die Hinzunahme des Messresultates $\bar{y} \pm u_{\bar{y}}$ nichts gewonnen, die Aussagesicherheit ist sogar gesunken. Lediglich im Falle $u_{\bar{y}} = u_{\bar{x}}$ bliebe sie gleich.

M. Grabe, *Grundriss der generalisierten Gauß'schen Fehlerrechnung*.
DOI 10.1007/978-3-642-17822-1,

Stehen dem Experimentator mehrere, derselben Messgröße geltende Mittel zur Verfügung, sollte er sich, vordergründigerweise, auf das Mittel mit der niedrigsten Messunsicherheit beschränken und die übrigen Mittel verwerfen. Das indessen tut er nicht, jedenfalls nicht in der Regel, zumindest solange nicht, wie er der Ansicht ist, die Mittel wären in etwa gleich verlässlich. Die Zunahme der Messunsicherheit in Konsequenz des Mittelns setzt zwar die Aussagesicherheit per se herab, zugleich aber auch die Möglichkeit eines Fehlschlusses und darauf kommt es dem Experimentator an. – Abb. 1.3 wies auf verschiedene denkbare Szenarien hin.

13.2 Ungewichtetes Mittel von *m* Mitteln

Gegeben seien m arithmetische Mittel einschließlich der zugehörigen Messunsicherheiten

$$\bar{x}_i = \frac{1}{n}\sum_{l=1}^{n} x_{il}\,, \quad u_{\bar{x}_i} = \frac{t_P\,(n-1)}{\sqrt{n}}\,s_i + f_{s,i}\;; \quad i = 1,\ldots,m\,. \tag{13.1}$$

Wir unterstellen, die Intervalle $\bar{x}_i \pm u_{\bar{x}_i}$ lokalisierten den gemeinsamen wahren Wert $x_{0,1} = \ldots = x_{0,m} = x_0$ und fragen nach dem Mittel $\bar{\beta}$ der $\bar{x}_i$ und nach der aus den $u_{\bar{x}_i}$ zu folgernden Unsicherheit $u_{\bar{\beta}}$,

$$\bar{\beta} - u_{\bar{\beta}} \le \beta_0 \le \bar{\beta} + u_{\bar{\beta}}\,, \quad \beta_0 \equiv x_0\,. \tag{13.2}$$

Wir unterwerfen das inkonsistente lineare System

$$\begin{pmatrix} 1 \\ 1 \\ \ldots \\ 1 \end{pmatrix} \beta \approx \begin{pmatrix} \bar{x}_1 \\ \bar{x}_2 \\ \ldots \\ \bar{x}_m \end{pmatrix} \tag{13.3}$$

dem Ausgleich nach kleinsten Quadraten. Bezeichnen wir die links und rechts auftretenden Vektoren mit

$$\boldsymbol{a} = (1 \quad 1 \quad \ldots \quad 1)^T \quad \text{und} \quad \bar{\boldsymbol{x}} = (\bar{x}_1 \quad \bar{x}_2 \quad \ldots \quad \bar{x}_m)^T$$

beziehungsweise. Dann geht (13.3) über in

$$\boldsymbol{a}\beta \approx \bar{\boldsymbol{x}}\,.$$

Multiplikation von links mit a^T erzeugt das große Mittel

$$\bar{\beta} = \frac{1}{m}\sum_{i=1}^{m} \bar{x}_i\,. \tag{13.4}$$

Die Aufgliederung

$$\begin{array}{ccccc} x_{11},\ x_{12},\ \ldots,x_{1l}\ \ldots,x_{1n} & \Rightarrow & \bar{x}_1 & = & \sum\limits_{l=1}^{n} x_{1l} \\ \downarrow & & & & \\ x_{21},\ x_{22},\ \ldots,x_{2l}\ \ldots,x_{2n} & \Rightarrow & \bar{x}_2 & = & \sum\limits_{l=1}^{n} x_{2l} \\ \downarrow & & & & \\ \ldots\ \ldots\ \ldots\ \ldots\ \ldots\ \ldots & \ldots & \ldots & & \\ \downarrow & & & & \\ x_{m1},\ x_{m2},\ \ldots,x_{ml}\ \ldots,x_{mn} & \Rightarrow & \bar{x}_m & = & \sum\limits_{l=1}^{n} x_{ml} \end{array} \tag{13.5}$$

definiert n große Mittel

$$\bar{\beta}_l = \frac{1}{m}\sum_{i=1}^{m} x_{il}\ ; \quad l = 1,\ldots,n\ . \tag{13.6}$$

Jedes der Mittel schließt die jeweils l-ten Messwerte ein. Mitteln der $\bar{\beta}_l$ führt zum großen Mittel

$$\bar{\beta} = \frac{1}{n}\sum_{l=1}^{n} \bar{\beta}_l \tag{13.7}$$

zurück. Einsetzen der Fehlergleichungen

$$x_{il} = x_{0,i} + (x_{il} - \mu_i) + f_i\ , \quad \bar{x}_i = x_{0,i} + (\bar{x}_i - \mu_i) + f_i$$

liefert

$$\bar{\beta}_l = \frac{1}{m}\sum_{i=1}^{m}[\,x_{0,i} + (x_{il} - \mu_i) + f_i\,]\ , \quad \bar{\beta} = \frac{1}{m}\sum_{i=1}^{m}[\,x_{0,i} + (\bar{x}_i - \mu_i) + f_i\,]\ .$$

Die n Differenzen

$$\bar{\beta}_l - \bar{\beta} = \frac{1}{m}\sum_{i=1}^{m}(x_{il} - \bar{x}_i)\ ; \quad l = 1,\ldots,n \tag{13.8}$$

machen es möglich, die empirische Varianz der $\bar{\beta}_l$ bezüglich des großen Mittels $\bar{\beta}$ zu bilden,

$$\begin{aligned}
s_{\bar{\beta}}^2 &= \frac{1}{n-1}\sum_{l=1}^{n}\left(\bar{\beta}_l - \bar{\beta}\right)^2 \\
&= \frac{1}{m^2(n-1)}\sum_{l=1}^{n}\left[\sum_{i=1}^{m}(x_{il}-\bar{x}_i)\right]\left[\sum_{j=1}^{m}(x_{jl}-\bar{x}_j)\right] \\
&= \frac{1}{m^2}\sum_{i,j}^{m} s_{ij} \, . \qquad (13.9)
\end{aligned}$$

Zweckmäßigerweise fassen wir die empirischen Varianzen und Kovarianzen

$$s_{ij} = \frac{1}{n-1}\sum_{l=1}^{n}(x_{il}-\bar{x}_i)(x_{jl}-\bar{x}_j)\,; \quad i,j = 1,\ldots,m\,; \quad s_{ii} \equiv s_i^2$$

zu einer empirischen Varianz-Kovarianz Matrix

$$\boldsymbol{s} = \begin{pmatrix} s_{11} & s_{12} & \ldots & s_{1m} \\ s_{21} & s_{22} & \ldots & s_{2m} \\ \ldots & \ldots & \ldots & \ldots \\ s_{m1} & s_{m2} & \ldots & s_{mm} \end{pmatrix}, \quad s_{ii} \equiv s_i^2 \qquad (13.10)$$

zusammen. Mit (13.10) geht (13.9) über in

$$s_{\bar{\beta}}^2 = \frac{1}{m^2}\boldsymbol{a}^{\mathrm{T}}\boldsymbol{s}\,\boldsymbol{a}\,. \qquad (13.11)$$

Aus

$$E\left\{\bar{\beta}\right\} = \mu_{\bar{\beta}} = x_0 + \frac{1}{m}\sum_{i=1}^{m} f_i \qquad (13.12)$$

ist der fortgepflanzte systematische Fehler

$$f_{\bar{\beta}} = \frac{1}{m}\sum_{i=1}^{m} f_i \qquad (13.13)$$

abzulesen. Die Worst-Case Abschätzung liefert

$$f_{s,\bar{\beta}} = \frac{1}{m}\sum_{i=1}^{m} f_{s,i}\,. \qquad (13.14)$$

Das Mitteln von Mitteln zieht demnach keine unangemessene Zunahme des fortgepflanzten systematischen Fehlers nach sich. Das Vertrauensintervall

$$\bar{\beta} - \frac{t_P(n-1)}{\sqrt{n}}s_{\bar{\beta}} \le \mu_{\bar{\beta}} \le \bar{\beta} + \frac{t_P(n-1)}{\sqrt{n}}s_{\bar{\beta}}$$

lokalisiert den Erwartungswert $\mu_{\bar{\beta}}$ mit Wahrscheinlichkeit P. Nach allem ist

$$\bar{\beta} - u_{\bar{\beta}} \le \beta_0 \le \bar{\beta} + u_{\bar{\beta}}$$

$$u_{\bar{\beta}} = \frac{t_P(n-1)}{\sqrt{n}} s_{\bar{\beta}} + f_{s,\bar{\beta}} \tag{13.15}$$

das Resultat der Verknüpfung der m gegebenen Mittel. Die Unsicherheit wird robuster, wenn wir die empirischen Kovarianzen s_{ij} durch die oberen Intervallgrenzen $s_i s_j$ ersetzen,

$$u_{\bar{\beta}} \le \frac{1}{m} \sum_{i=1}^{m} u_{\bar{x}_i} \ . \tag{13.16}$$

13.3 Gewichtetes Mittel von *m* Mitteln

Zur Konstruktion des gewichteten großen Mittels multiplizieren wir (13.3) von links mit einer Gewichtsmatrix. Wir beschränken uns auf diagonale Gewichtsmatrizen und setzen

$$\boldsymbol{G} = \mathrm{diag}\,\{g_1, g_2, \ldots, g_m\}\ ; \quad g_i = 1/u_{\bar{x}_i} \ . \tag{13.17}$$

Der Ausgleich des gewichteten Systems

$$\boldsymbol{G}\boldsymbol{a}\beta \approx \boldsymbol{G}\bar{\boldsymbol{x}} \tag{13.18}$$

erzeugt

$$\bar{\beta} = \sum_{i=1}^{m} w_i \bar{x}_i \ . \tag{13.19}$$

Die Gewichte w_i sind durch

$$w_i = \frac{g_i^2}{\sum\limits_{i=1}^{m} g_i^2}\ , \quad \sum_{i=1}^{m} w_i = 1 \tag{13.20}$$

gegeben. Der Hilfsvektor

$$\boldsymbol{w} = (w_1 \quad w_2 \quad \ldots \quad w_m)^T$$

überführt die empirische Varianz des Schätzers $\bar{\beta}$ in

$$s_{\bar{\beta}}^2 = \boldsymbol{w}^T \boldsymbol{s}\, \boldsymbol{w} \ . \tag{13.21}$$

Schließlich ist

$$f_{s,\bar{\beta}} = \sum_{i=1}^{m} w_i f_{s,i} \tag{13.22}$$

die Worst-Case Abschätzung des fortgepflanzten systematischen Fehlers. Damit haben wir

$$\bar{\beta} - u_{\bar{\beta}} \le \beta_0 \le \bar{\beta} + u_{\bar{\beta}}$$
$$u_{\bar{\beta}} = \frac{t_P(n-1)}{\sqrt{n}} s_{\bar{\beta}} + f_{s,\bar{\beta}} \; . \tag{13.23}$$

Die Unsicherheit wird robuster, wenn wir die empirischen Kovarianzen s_{ij} durch die oberen Intervallgrenzen $s_i s_j$ ersetzen,

$$u_{\bar{\beta}} \le \sum_{i=1}^{m} w_i \, u_{\bar{x}_i} \; . \tag{13.24}$$

Große Gewichte g_i heben, kleine Gewichte g_i schwächen den Einfluss der zugehörigen Mittel. Wie (13.23) zeigt, berührt dieser Umstand nicht die Lokalisierung des wahren Wertes – obwohl doch die Länge des Unsicherheitsintervall in Abhängigkeit der g_i „atmet". Der Mechanismus legalen „Atmens" ist allerdings an die Voraussetzung gebunden, dass die Intervalle $\bar{x}_i \pm u_{\bar{x}_i}$ den gemeinsamen wahren Wert x_0 lokalisieren. Ist dass der Fall, so unterliegt die Wahl der Gewichte g_i prinzipiell keinerlei Einschränkungen.

Spezialisieren wir (13.19) auf $m = 2$,

$$\bar{\beta} = w_1 \bar{x}_1 + w_2 \bar{x}_2 \; .$$

Nach (13.24) haben wir

$$u_{\bar{\beta}} \le w_1 \, u_{\bar{x}_1} + w_2 \, u_{\bar{x}_2} \; .$$

Unterstellen wir $u_{\bar{x}_1} = a$ und $u_{\bar{x}_2} = 2\,a$. Dann haben wir $w_1 = 4/5$ und $w_2 = 1/5$, d. h.

$$u_{\bar{\beta}} \le \frac{6}{5} u_{\bar{x}_1} \; .$$

Selbst die Wichtung drückt die Unsicherheit $u_{\bar{\beta}}$ nicht unter die kleinere Unsicherheit $u_{\bar{x}_1}$.

Verfolgen wir noch den Einfluss der Gewichtsfaktoren auf den fortgepflanzten systematischen Fehler. Gegeben seien drei Mittel mit den Unsicherheiten $u_{\bar{x}_1} = a$, $u_{\bar{x}_2} = 2a$, $u_{\bar{x}_3} = 3a$, so dass $w_1 = 36/49$, $w_2 = 9/49$, $w_1 = 4/49$. Dann liefert (13.22)

$$f_{s,\bar{\beta}} = (36 f_{s,1} + 9 f_{s,2} + 4 f_{s,3}) \,/ 49 \; .$$

Die Gewichte $w_i; i = 1, \ldots, m$ halten den fortgepflanzten systematischen Fehler $f_{s,\bar{\beta}}$ in angemessener Größenordnung.

Beispiel

Abbildung 13.1 illustriert das Mitteln $m = 4$ arithmetischer Mittel. Dargestellt sind das ungewichtete und das gewichtete große Mittel $\bar{\beta}_u$ und $\bar{\beta}_w$, beziehungsweise, einschließlich ihrer Unsicherheiten $u_{\bar{\beta}_u}$ und $u_{\bar{\beta}_w}$.

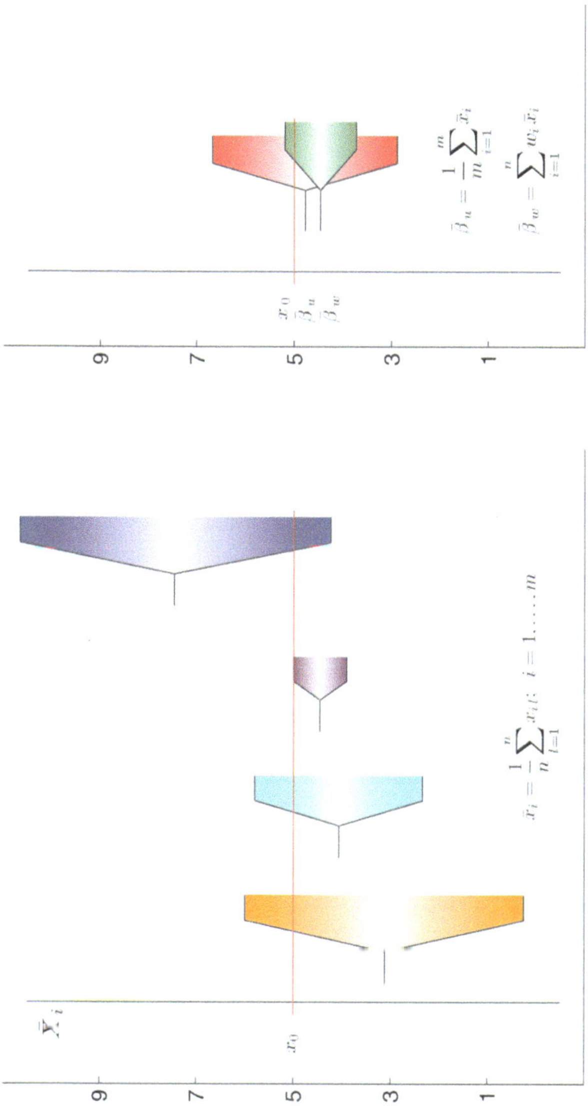

Abb. 13.1 Ungewichtetes und gewichtetes Mittel von Mitteln, β_u und β_w mit Unsicherheiten $u_{\bar{\beta}_u}$ und $u_{\bar{\beta}_w}$

14 Konsistenz-Tests

So attraktiv Konsistenz-Tests sich darstellen, so wenig geben sie Gewissheit über die Lokalisierung wahrer Werte.

14.1 Heuristisches Vorgehen

Betrachten wir eine Gruppe von m Messresultaten

$$\bar{x}_i \pm u_{\bar{x}_i} \; ; \quad i = 1, \ldots, m \; . \tag{14.1}$$

Jedem der Resultate liege derselbe wahre Wert

$$x_{0,1} = \ldots = x_{0,m} = x_0 \tag{14.2}$$

zugrunde. Wir fragen nach der wechselseitigen Konsistenz der $\bar{x}_i$.

Solange jedes der eingehenden Messresultate den wahren Wert x_0 lokalisiert, ist a priori klar: Jedes der Intervalle (14.1) überlappt sich mit dem durch (13.23) definierten Intervall

$$\bar{\beta} \pm u_{\bar{\beta}} \; , \quad \beta_0 \equiv x_0 \; ,$$

Abb. 14.1. – Andererseits, wie sich dieses Bild änderte, sollte eines der $\bar{x}_i$ den wahren Wert nicht lokalisieren, ist kaum vorhersehbar.

Für den Konsistenz-Tests bringt der Rückgriff auf Aussage (13.23) auch wenig. Vielmehr sind die $\bar{x}_i$, $i = 1, \ldots, m$ bereits konsistent, wenn es gelingt, eine horizontale, alle Unsicherheitsintervalle $\bar{x}_i \pm u_{\bar{x}_i}$, $i = 1, \ldots, m$ schneidende Linie zu zeichnen.

Wir halten fest: Wechselseitiges Überlappen ist eine *notwendige Bedingung* für Konsistenz. Ist sie gegeben, können immer noch einige oder sogar alle $\bar{x}_i \pm u_{\bar{x}_i}$ falsch sein.

M. Grabe, *Grundriss der generalisierten Gauß'schen Fehlerrechnung*.
DOI 10.1007/978-3-642-17822-1,

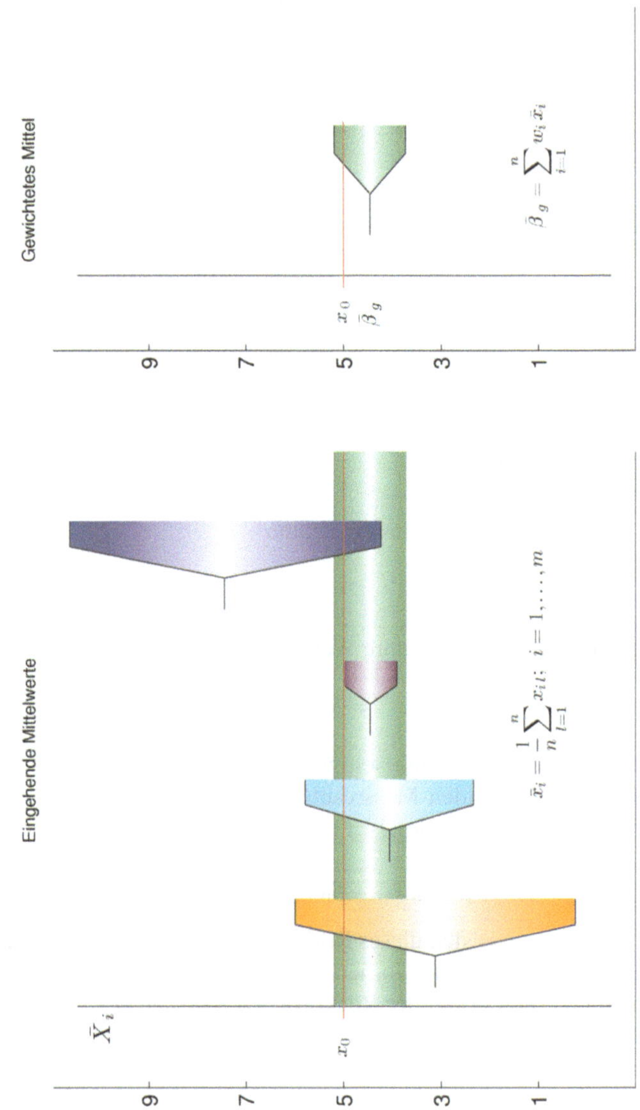

Abb. 14.1 Heuristischer Konsistenz-Test, gewichtetes Mittel $\bar{\beta}_g \pm \boldsymbol{u}_{\bar{\beta}_g}$ und einzelne Mittel $\bar{x}_i \pm \boldsymbol{u}_{\bar{x}_i}$

14.2 Formales Vorgehen

Detaillieren wir die Unsicherheiten $u_{\bar{d}_i}$ der Differenzen

$$\bar{d}_i = \bar{x}_i - \bar{\beta} \; ; \quad i = 1, \ldots, m \tag{14.3}$$

zwischen den eingehenden Mitteln und dem gewichteten großen Mittel. Sei $d_{0,i}$ der wahre Wert der i-ten Differenz $\bar{d}_i$. Wir fragen nach

$$| \bar{d}_i - d_{0,i} | \le u_{\bar{d}_i} \; ; \quad i = 1, \ldots, m \; .$$

Wegen

$$x_0 = x_{0,1} = \ldots = x_{0,m} = \beta_0$$

verschwinden die $d_{0,i}$, so dass

$$| \bar{x}_i - \bar{\beta} | \le u_{\bar{d}_i} \; ; \quad i = 1, \ldots, m \; . \tag{14.4}$$

Einsetzen der Fehlergleichungen

$$\bar{x}_i = x_{0,i} + (\bar{x}_i - \mu_i) + f_i \; ; \quad i = 1, \ldots, m$$

in (14.3) liefert

$$\bar{d}_i = x_{0,i} + (\bar{x}_i - \mu_i) + f_i - \sum_{j=1}^{m} w_j \left[x_{0,j} + (\bar{x}_j - \mu_j) + f_j \right] \tag{14.5}$$

und nach Umordnen der Terme

$$\bar{d}_i = \frac{1}{n} \sum_{l=1}^{n} \left[(x_{il} - \mu_i) - \sum_{j=1}^{m} w_j (x_{jl} - \mu_j) \right] + f_i - \sum_{j=1}^{m} w_j f_j \; .$$

Definieren wir Differenzen

$$\bar{d}_{il} = (x_{il} - \mu_i) - \sum_{j=1}^{m} w_j (x_{jl} - \mu_j) + f_i - \sum_{j=1}^{m} w_j f_j \; ; \quad l = 1, \ldots, n \tag{14.6}$$

der Eigenschaft

$$\bar{d}_i = \frac{1}{n} \sum_{l=1}^{n} d_{il} \; . \tag{14.7}$$

Damit ist die empirische Varianz der Differenzen

$$\bar{d}_{il} - \bar{d}_i = (x_{il} - \bar{x}_i) - \sum_{j=1}^{m} w_j (x_{jl} - \bar{x}_j)$$

durch

$$
\begin{aligned}
s_{\bar{d}_{il}}^2 &= \frac{1}{n-1}\sum_{l=1}^{n}(\bar{d}_{il}-\bar{d}_i)^2 \\
&= \frac{1}{n-1}\sum_{l=1}^{n}\left[(x_{il}-\bar{x}_i)^2 - 2(x_{il}-\bar{x}_i)\sum_{j=1}^{m} w_j(x_{jl}-\bar{x}_j)\right. \\
&\qquad \left. + \left(\sum_{j=1}^{m} w_j(x_{jl}-\bar{x}_j)\right)^2\right]
\end{aligned}
$$

gegeben, in kompakterer Darstellung

$$
s_{\bar{d}_{il}}^2 = s_i^2 - 2\sum_{j=1}^{m} w_j\, s_{ij} + \boldsymbol{w}^{\mathrm{T}}\boldsymbol{s}\,\boldsymbol{w}\ . \tag{14.8}
$$

Nach (14.5) ist der fortgepflanzte systematische Fehler durch

$$
f_{\bar{d}_i} = (1-w_i)f_i - \sum_{j=1\ j\neq i}^{m} w_j f_j \tag{14.9}
$$

gegeben; die zugehörige Worst-Case Abschätzung ist

$$
f_{s,\bar{d}_i} = (1-w_i)f_{s,i} + \sum_{j=1\ j\neq i}^{m} w_j f_{s,j}\ . \tag{14.10}
$$

Addieren wir rechts $\pm w_i\, f_{s,i}$,

$$
f_{s,\bar{d}_i} = (1-2w_i)f_{s,i} + \sum_{j=1}^{m} w_j f_{s,j}\ . \tag{14.11}
$$

Dann ist

$$
\begin{aligned}
u_{\bar{d}_i} &= \frac{t_P(n-1)}{\sqrt{n}}\sqrt{s_i^2 - 2\sum_{j=1}^{m} w_j\, s_{ij} + \boldsymbol{w}^T\boldsymbol{s}\,\boldsymbol{w}} \\
&\quad + (1-2w_i)f_{s,i} + \sum_{j=1}^{m} w_j f_{s,j}
\end{aligned} \tag{14.12}
$$

die Unsicherheit der Differenz (14.3).

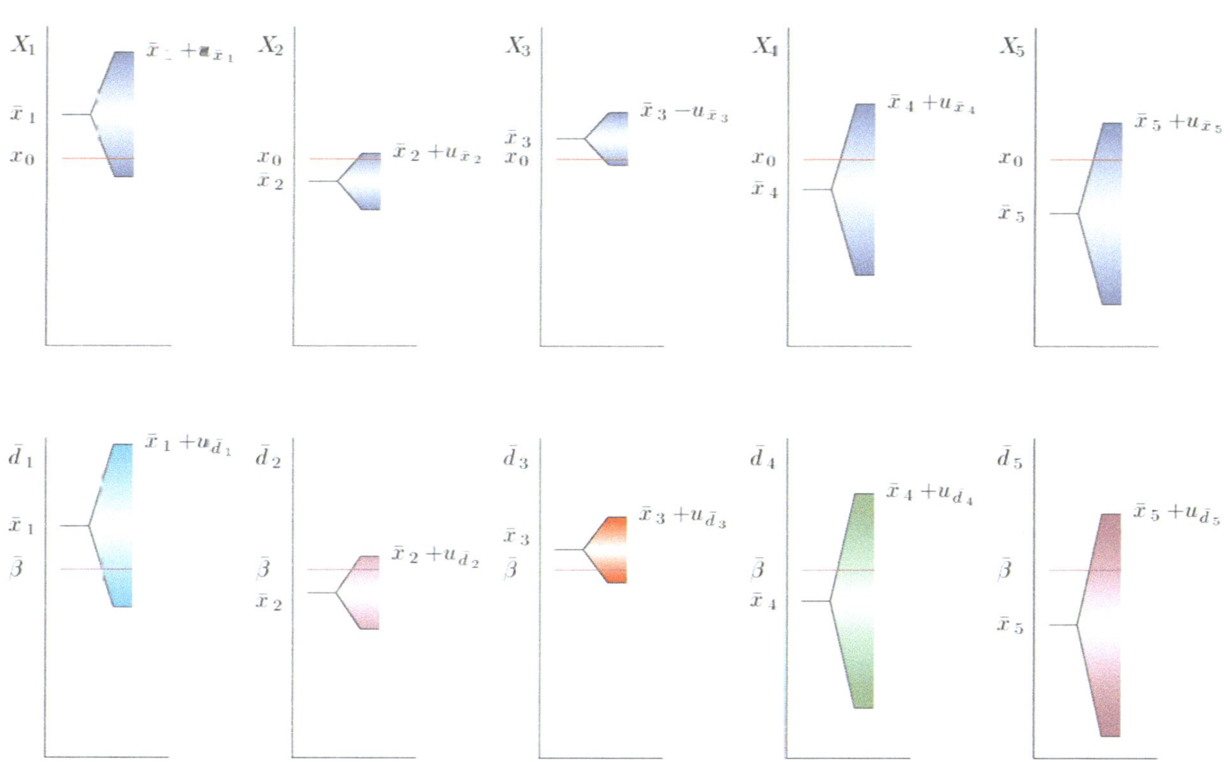

Abb. 14.2 Test auf Konsistenz: Die Messresultate $\bar{x}_i \pm u_{\bar{x}_i}$; $i = 1, \ldots, 5$ lokalisieren den wahren Wert x_0; $\bar{\beta}$ großes Mittel, $u_{\bar{d}_i}$ Unsicherheiten der Differenzen $\bar{x}_i - \bar{\beta}$

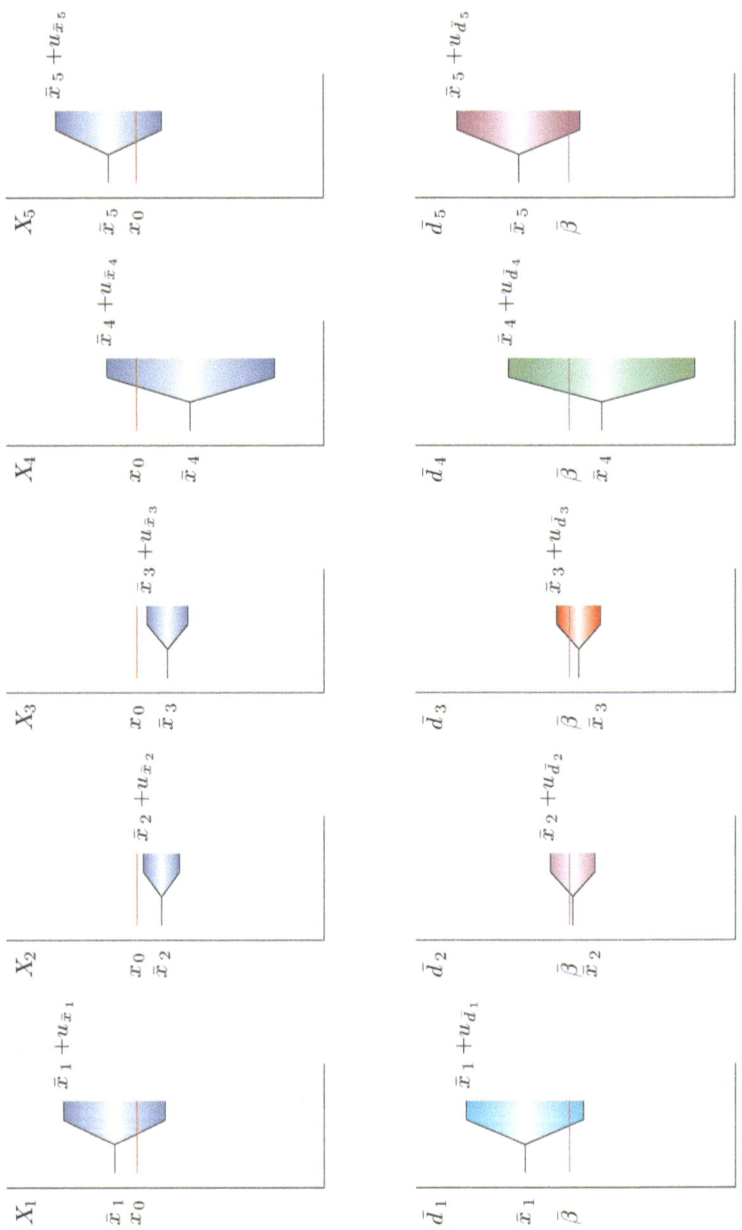

Abb. 14.3 Test auf Konsistenz, Datensatz 1: Die Resultate $\bar{x}_i \pm u_{\bar{x}_i}$; $i = 2, 3$ verfehlen den wahren Wert x_0, dennoch signalisieren die Unsicherheiten $u_{\bar{d}_i}$; $i = 1, \ldots, 5$ Konsistenz

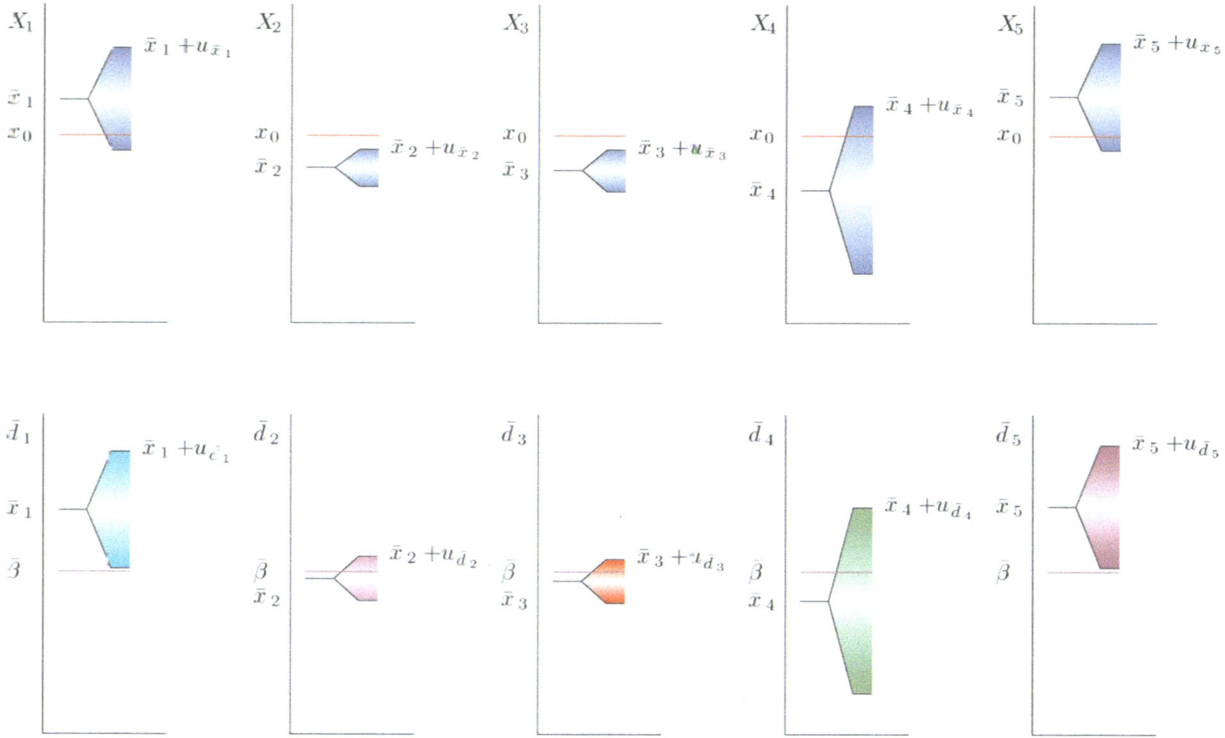

Abb. 14.4 Test auf Konsistenz. Datensatz 2: Die Resultate $\bar{x}_i \pm \boldsymbol{u}_{\bar{x}_i}; \boldsymbol{i} = 2, 3$ verfehlen den wahren Wert x_0, paradoxerweise signalisieren die Unsicherheiten $\boldsymbol{u}_{\bar{d}_1}$ und $\boldsymbol{u}_{\bar{d}_5}$ Inkonsistenz der Resultate $\bar{x}_i \pm \boldsymbol{u}_{\bar{x}_i}; \boldsymbol{i} = 1, 5$

Beispiel

Wie die in Abb. 14.2 dargestellten Simulationen unterstreichen, ist (14.12) zuverlässig, solange jedes der eingehenden Resultate den wahren Wert x_0 lokalisiert. – Um zu diesem Ergebnis zu kommen, hätte es allerdings keiner Simulation bedurft. Das Problem liegt vielmehr darin dass

- der Experimentator zwar visuell erkennen kann, ob sich die $\bar{x}_i \pm u_{\bar{x}_i}$ wechselseitig überlappen, dessenungeachtet aber nicht weiß, ob jedes der Resultate tatsächlich den wahren Wert lokalisiert und
- die Unsicherheiten u_{d_i} voneinander abhängen, so dass, sollten nicht alle Resultate $\bar{x}_i \pm u_{\bar{x}_i}$ den wahren Wert lokalisieren, gegebenenfalls korrekte Messresultate als unrichtig und unrichtige Messresultate als richtig eingestuft werden könnten.

Die folgenden Simulationen nehmen auf unterschiedliche Datensätze Bezug:

Datensatz 1
: Die Messresultate $\bar{x}_i \pm u_{\bar{x}_i}$; $i = 2, 3$ verfehlen den wahren Wert, Abb. 14.3. – Naturgemäß bliebe das dem Experimentator verborgen. Bemerkenswerterweise zeigen die Unsicherheiten $u_{\bar{d}_i}$; $i = 2, 3$ nicht die Unstimmigkeit der $\bar{x}_i \pm u_{\bar{x}_i}$; $i = 2, 3$ an.

Datensatz 2
: Wieder verfehlen die Resultate $\bar{x}_i \pm u_{\bar{x}_i}$; $i = 2, 3$ den wahren Wert. Ein anderer, neuer Datensatz signalisiert jetzt, paradoxerweise, Unstimmigkeit der Unsicherheiten $u_{\bar{d}_1}$ und $u_{\bar{d}_5}$, obwohl nicht die Resultate $\bar{x}_i \pm u_{\bar{x}_i}$; $i = 1, 5$, sondern die Resultate $\bar{x}_i \pm u_{\bar{x}_i}$; $i = 2, 3$ den wahren Wert verfehlen, Abb. 14.4.

Teil V
Lineare Systeme

15 Konsequenzen systematischer Messfehler

Systematische Messfehler erzeugen nichterwartungstreue Kleinste-Quadrate Schätzer.

15.1 Vorlast des Kleinste-Quadrate Schätzers

Die geometrische Konstruktion des Kleinste-Quadrate Schätzers, die orthogonale Projektion, lässt Fehler beliebiger Art zu, differenziert die Fehler der Eingangsdaten weder nach Ursachen noch nach Eigenschaften. Die Situation ändert sich, wenn es um das Schätzen von Messunsicherheiten geht. Jetzt muss die Struktur der Fehler der Eingangsdaten bekannt sein.

Praxisbedingt ist der Vektor der Beobachtungen

$$\boldsymbol{x} = (x_1 \quad x_2 \quad \cdots \quad x_m)^{\mathrm{T}}$$

des linearen, überbestimmten, in sich widersprüchliche Systems (4.9),

$$\boldsymbol{A\beta} \approx \boldsymbol{x} \ ,$$

fehlerhaft. Bleiben wir zunächst bei den bisherigen Fehlergleichungen

$$x_i = x_{0,i} + (x_i - \mu_i) + f_i \ ; \quad i = 1, \ldots, m \ .$$

Die $x_{0,i}$ bezeichnen wahre Werte, die Differenzen $(x_i - \mu_i)$ zufällige Messfehler und die f_i systematische Messfehler. Die zufälligen Fehler seien normalverteilt, zumindest approximativ, und die systematischen Fehler zeitkonstante, nach Betrag und Vorzeichen unbekannte Störungen.

M. Grabe, *Grundriss der generalisierten Gauß'schen Fehlerrechnung*.
DOI 10.1007/978-3-642-17822-1, © Springer 2011

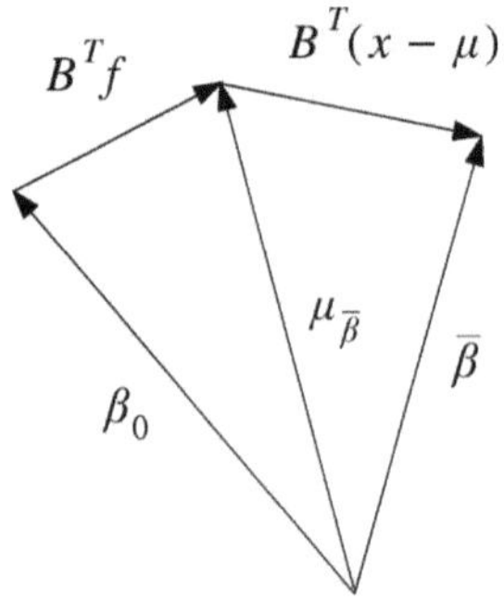

Abb. 15.1 Zerlegung des Lösungsvektors $\bar{\boldsymbol{\beta}}$ in den wahren Lösungsvektor $\boldsymbol{\beta}_0$ und in die auf systematische und zufällige Fehler zurückgehenden Vektoren $\boldsymbol{B}^{\mathrm{T}}\boldsymbol{f}$ und $\boldsymbol{B}^{\mathrm{T}}(\boldsymbol{x}-\boldsymbol{\mu})$

Wir haben

$$\boldsymbol{x} = \begin{pmatrix} x_1 \\ x_2 \\ \dots \\ x_m \end{pmatrix} = \begin{pmatrix} x_{0,1} \\ x_{0,2} \\ \dots \\ x_{0,m} \end{pmatrix} + \begin{pmatrix} x_1 - \mu_1 \\ x_2 - \mu_2 \\ \dots \\ x_m - \mu_m \end{pmatrix} + \begin{pmatrix} f_1 \\ f_2 \\ \dots \\ f_m \end{pmatrix},$$

kürzer

$$\boldsymbol{x} = \boldsymbol{x}_0 + (\boldsymbol{x}-\boldsymbol{\mu}) + \boldsymbol{f} \ . \tag{15.1}$$

Die Zerlegung (15.1) spaltet den Kleinste-Quadrate Schätzer (4.13),

$$\bar{\boldsymbol{\beta}} = \boldsymbol{B}^{\mathrm{T}}\boldsymbol{x} \ , \quad \boldsymbol{B} = \boldsymbol{A}\left(\boldsymbol{A}^{\mathrm{T}}\boldsymbol{A}\right)^{-1} \ , \tag{15.2}$$

in drei Summanden auf,

$$\bar{\boldsymbol{\beta}} = \boldsymbol{B}^{\mathrm{T}}\left[\boldsymbol{x}_0 + (\boldsymbol{x}-\boldsymbol{\mu}) + \boldsymbol{f}\right] = \boldsymbol{\beta}_0 + \boldsymbol{B}^{\mathrm{T}}(\boldsymbol{x}-\boldsymbol{\mu}) + \boldsymbol{B}^{\mathrm{T}}\boldsymbol{f} \ . \tag{15.3}$$

Hierin bezeichnet

$$\boldsymbol{\beta}_0 = \left(\boldsymbol{A}^{\mathrm{T}}\boldsymbol{A}\right)^{-1}\boldsymbol{A}^{\mathrm{T}}\boldsymbol{x}_0 = \boldsymbol{B}^{\mathrm{T}}\boldsymbol{x}_0 \tag{15.4}$$

den wahren Lösungsvektor; die Summanden

$$\boldsymbol{B}^{\mathrm{T}}(\boldsymbol{x}-\boldsymbol{\mu}) \quad \text{und} \quad \boldsymbol{B}^{\mathrm{T}}\boldsymbol{f}$$

sind Konsequenzen zufälliger und systematischer Messfehler. Nach (15.3) streut der Schätzer $\bar{\boldsymbol{\beta}}$ nicht um den wahren Lösungsvektor $\boldsymbol{\beta}_0$, sondern um seinen Erwartungswert

$$\boldsymbol{\mu}_{\bar{\boldsymbol{\beta}}} = E\{\bar{\boldsymbol{\beta}}\} = \boldsymbol{\beta}_0 + \boldsymbol{B}^{\mathrm{T}}\boldsymbol{f} \ . \tag{15.5}$$

Wegen $E\{\bar{\boldsymbol{\beta}}\} \neq \boldsymbol{\beta}_0$ ist $\bar{\boldsymbol{\beta}}$ nicht erwartungstreu bezüglich des wahren Lösungsvektors $\boldsymbol{\beta}_0$; vielmehr trägt $\bar{\boldsymbol{\beta}}$ die *Vorlast* oder den *Bias* $\boldsymbol{B}^{\mathrm{T}}\boldsymbol{f}$, Abb. 15.1.

15.2 Minimierte Summe der Residuenquadrate

Bleiben wir bei unserer bisherigen Annahme, die rechten Seiten des in sich widersprüchlichen Systems (4.9),

$$\begin{array}{ccccccc} a_{11}\beta_1 & + & a_{12}\beta_2 & + \cdots + & a_{1r}\beta_r & \approx & x_1 \\ a_{21}\beta_1 & + & a_{22}\beta_2 & + \cdots + & a_{2r}\beta_r & \approx & x_2 \\ \dots & & \dots & \dots & \dots & & \dots \\ a_{m1}\beta_1 & + & a_{m2}\beta_2 & + \cdots + & a_{mr}\beta_r & \approx & x_m \, , \end{array} \qquad (15.6)$$

seien Einzelmessungen

$$x_i = x_{0,i} + (x_i - \mu_i) + f_i \; ; \quad i = 1, \dots, m$$

und setzen wir voraus, die zufälligen Fehler $x_i - \mu_i$ kämen, ungeachtet unterschiedlicher $x_{0,i}$ und f_i, aus derselben $N(\mu, \sigma)$-Dichte.

Um den Komponenten $\bar{\beta}_k; k = 1, \dots, r$ des Schätzers

$$\bar{\boldsymbol{\beta}} = (\bar{\beta}_1 \quad \bar{\beta}_2 \quad \cdots \quad \bar{\beta}_r)^{\mathrm{T}}$$

Messunsicherheiten zuweisen zu können, benötigen wir die empirische Varianz s^2 der zufälligen Fehler $x_i - \mu_i$, die wir indessen weder kennen noch auf direktem Wege bilden können. Wie bekannt, konstruiert der klassische Ausgleich den Schätzer s^2 aus der minimierten Summe der Residuenquadrate. Versuchen wir, uns an der klassischen Vorgehensweise zu orientieren:

Der Residuenvektor (4.12) geht nach Einsetzen von (4.11) und (15.1) in

$$\begin{aligned} \bar{\boldsymbol{r}} &= \boldsymbol{x} - \boldsymbol{A}\bar{\boldsymbol{\beta}} = \boldsymbol{x} - \boldsymbol{P}\boldsymbol{x} \\ &= \boldsymbol{x}_0 + (\boldsymbol{x} - \boldsymbol{\mu}) + \boldsymbol{f} - \boldsymbol{P}\left[\boldsymbol{x}_0 + (\boldsymbol{x} - \boldsymbol{\mu}) + \boldsymbol{f}\right] \end{aligned}$$

über. Da $\boldsymbol{x}_0$ im Spaltenraum der Matrix $\boldsymbol{A}$ liegt, gilt Gleiches für den projizierten Vektor $\boldsymbol{P}\boldsymbol{x}_0$, d. h. $\boldsymbol{x}_0 = \boldsymbol{P}\boldsymbol{x}_0$,

$$\bar{\boldsymbol{r}} = (\boldsymbol{E} - \boldsymbol{P})[(\boldsymbol{x} - \boldsymbol{\mu}) + \boldsymbol{f}] \, . \qquad (15.7)$$

Dann ist die minimierte Summe der Residuenquadrate durch

$$\begin{aligned} Q &= \bar{\boldsymbol{r}}^{\mathrm{T}}\bar{\boldsymbol{r}} \\ &= (\boldsymbol{x} - \boldsymbol{\mu})^{\mathrm{T}}(\boldsymbol{E} - \boldsymbol{P})(\boldsymbol{x} - \boldsymbol{\mu}) + \boldsymbol{f}^{\mathrm{T}}(\boldsymbol{f} - \boldsymbol{P}\boldsymbol{f}) \\ &\quad + (\boldsymbol{x} - \boldsymbol{\mu})^{\mathrm{T}}(\boldsymbol{f} - \boldsymbol{P}\boldsymbol{f}) + \left[(\boldsymbol{x} - \boldsymbol{\mu})^{\mathrm{T}}(\boldsymbol{f} - \boldsymbol{P}\boldsymbol{f})\right]^{\mathrm{T}} \end{aligned} \qquad (15.8)$$

gegeben. Im Rahmen des klassischen Ausgleichs existiert allein der erste Term rechts. Bezeichnen wir ihn mit

$$Q^* = (\boldsymbol{x} - \boldsymbol{\mu})^{\mathrm{T}}(\boldsymbol{E} - \boldsymbol{P})(\boldsymbol{x} - \boldsymbol{\mu}) \, . \qquad (15.9)$$

Wie bekannt, genügt Q^*/σ^2 einer χ^2-Dichte mit $(m - r)$ Freiheitsgraden,

$$Q^*/\sigma^2 = \chi^2(m - r) = (m - r)s^2/\sigma^2 \,.$$

Nach allem haben wir [24]

$$s^2 = Q^*/(m - r)\,. \tag{15.10}$$

Die minimierte Summe der Residuenquadrate (15.8) bietet diese Möglichkeit ganz offensichtlich nicht. Halten wir fest:

Die in die minimierte Summe der Residuenquadrate einfließenden unbekannten systematischen Fehler blockieren den Rückschluss auf die empirische Varianz s^2 der Eingangsdaten.

Die Situation änderte sich, sollte der Differenzvektor $\boldsymbol{f} - \boldsymbol{P}\boldsymbol{f}$ verschwinden. Hierauf werden wir in Abschn. 20.3, im Rahmen des Anpassens von Geraden nach kleinsten Quadraten zurückkommen.

Die Annahme, die zufälligen Fehler der Eingangsdaten x_i; $i = 1, \ldots, m$ kämen einheitlich aus ein und derselben $N(\mu, \sigma)$-Verteilung, dürfte eher selten zutreffen. Unter diesem Gesichtspunkt ist Aussage (15.10) ohnehin kaum in der Lage, die Realität abzubilden. Nach allem sollten wir einen anderen Weg suchen, den auf zufällige Messfehler zurückgehenden Anteil der Unsicherheit der Schätzer des Ausgleichs festzulegen.

Stellen wir abschließend die Erwartungswerte der Summen Q und Q^* einander gegenüber. Wir haben

$$E\{Q\} = (m - r)\sigma^2 + \boldsymbol{f}^{\mathrm{T}}(\boldsymbol{f} - \boldsymbol{P}\boldsymbol{f}) \quad \text{und} \quad E\{Q^*\} = (m - r)\sigma^2 \,.$$

16 Ungewichteter Ausgleich

Die Eingangsdaten des Ausgleichs sollten die Struktur arithmetischer Mittel besitzen und über jeweils gleich viele Wiederholungsmessungen verfügen.

16.1 Empirische Varianz-Kovarianz Matrix der Eingangsdaten

Unterstellen wir, die rechten Seiten des auszugleichenden linearen Systems seien arithmetische Mittel

$$\bar{x}_i = x_{0,i} + (\bar{x}_i - \mu_i) + f_i \; ; \quad i = 1, \ldots, m \, ,$$

die jeweils dieselbe Zahl n von Wiederholungsmessungen umfassen,

$$\bar{x}_i = \sum_{l=1}^{n} x_{il} \; ; \quad i = 1, \ldots, m \, . \tag{16.1}$$

An Stelle von (15.6) haben wir dann

$$\begin{array}{ccccccccc} a_{11}\beta_1 & + & a_{12}\beta_2 & + \cdots + & a_{1r}\beta_r & \approx & \bar{x}_1 \\ a_{21}\beta_1 & + & a_{22}\beta_2 & + \cdots + & a_{2r}\beta_r & \approx & \bar{x}_2 \\ \cdots & & \cdots & \cdots & \cdots & & \cdots \\ a_{m1}\beta_1 & + & a_{m2}\beta_2 & + \cdots + & a_{mr}\beta_r & \approx & \bar{x}_m \, , \end{array} \quad \text{kürzer} \quad \boldsymbol{A\beta} \approx \bar{\boldsymbol{x}} \, .$$

Die

$$s_{ij} = \frac{1}{n-1} \sum_{l=1}^{n} (x_{il} - \bar{x}_i)\left(x_{jl} - \bar{x}_j\right) \quad i, j = 1, \ldots, m \tag{16.2}$$

definieren die empirische Varianz-Kovarianz Matrix der Eingangsdaten

$$\boldsymbol{s} = \begin{pmatrix} s_{11} & s_{12} & \ldots & s_{1m} \\ s_{21} & s_{22} & \ldots & s_{2m} \\ \ldots & \ldots & \ldots & \ldots \\ s_{m1} & s_{m2} & \ldots & s_{mm} \end{pmatrix} \, . \tag{16.3}$$

M. Grabe, *Grundriss der generalisierten Gauß'schen Fehlerrechnung*.
DOI 10.1007/978-3-642-17822-1, © Springer 2011

16.2 Empirische Varianz-Kovarianz Matrix des Kleinste-Quadrate Schätzers

Einsetzen der symbolischen Zerlegung des Vektor $\bar{\boldsymbol{x}}$,

$$\bar{\boldsymbol{x}} = \boldsymbol{x}_0 + (\bar{\boldsymbol{x}} - \boldsymbol{\mu}) + \boldsymbol{f} \,, \tag{16.4}$$

in

$$\bar{\boldsymbol{\beta}} = \boldsymbol{B}^{\mathrm{T}} \bar{\boldsymbol{x}} \,, \quad \boldsymbol{B} = \boldsymbol{A} \left(\boldsymbol{A}^{\mathrm{T}} \boldsymbol{A} \right)^{-1} \tag{16.5}$$

führt auf

$$\begin{aligned} \bar{\boldsymbol{\beta}} &= \boldsymbol{B}^{\mathrm{T}} \boldsymbol{x}_0 + \boldsymbol{B}^{\mathrm{T}} (\bar{\boldsymbol{x}} - \boldsymbol{\mu}) + \boldsymbol{B}^{\mathrm{T}} \boldsymbol{f} \\ &= \boldsymbol{\beta}_0 + \boldsymbol{B}^{\mathrm{T}} (\bar{\boldsymbol{x}} - \boldsymbol{\mu}) + \boldsymbol{B}^{\mathrm{T}} \boldsymbol{f} \,, \end{aligned} \tag{16.6}$$

da $\boldsymbol{B}^{\mathrm{T}} \boldsymbol{x}_0 = \boldsymbol{\beta}_0$. Zur Formalisierung des Einflusses zufälliger Messfehler benötigen wir den Erwartungswert des Lösungsvektors $\bar{\boldsymbol{\beta}}$,

$$\begin{aligned} \boldsymbol{\mu}_{\bar{\beta}} &= E\{\bar{\boldsymbol{\beta}}\} \\ &= \boldsymbol{\beta}_0 + \boldsymbol{B}^{\mathrm{T}} \boldsymbol{f} = \left(\mu_{\bar{\beta}_1} \quad \mu_{\bar{\beta}_2} \quad \dots \quad \mu_{\bar{\beta}_r} \right)^{\mathrm{T}} . \end{aligned}$$

Hiermit geht (16.6) über in

$$\bar{\boldsymbol{\beta}} = \boldsymbol{\mu}_{\bar{\beta}} + \boldsymbol{B}^{\mathrm{T}} (\boldsymbol{x} - \boldsymbol{\mu}) \,. \tag{16.7}$$

Bezeichnen wir die Elemente der $m \times r$ Matrix $\boldsymbol{B}$ des Lösungsvektors mit b_{ik},

$$\boldsymbol{B} = (b_{ik}) \,, \quad i = 1, \dots, m \,; \quad k = 1, \dots, r \,,$$

so nehmen die Komponenten des Schätzvektors $\bar{\boldsymbol{\beta}}$ die Form

$$\bar{\beta}_k = \sum_{i=1}^{m} b_{ik} \, \bar{x}_i \,; \quad k = 1, \dots, r \tag{16.8}$$

an. Die $\bar{\beta}_k$ sind voneinander abhängig, da sie sich einheitlich auf denselben Satz Eingangsdaten stützen. Formen wir die $\bar{\beta}_k$ durch Einsetzen der $\bar{x}_i$ um,

$$\begin{aligned} \bar{\beta}_k &= \sum_{i=1}^{m} b_{ik} \left[\frac{1}{n} \sum_{l=1}^{n} x_{il} \right] = \frac{1}{n} \sum_{l=1}^{n} \left[\sum_{i=1}^{m} b_{ik} x_{il} \right] \\ &= \frac{1}{n} \sum_{l=1}^{n} \bar{\beta}_{kl} \,; \quad k = 1, \dots, r \,. \end{aligned} \tag{16.9}$$

Ganz offensichtlich sind auch die

$$\bar{\beta}_{kl} = \sum_{i=1}^{m} b_{ik} x_{il} \ ; \quad l = 1, \ldots, n \ ; \quad k = 1, \ldots, r \ . \tag{16.10}$$

Kleinste-Quadrate Schätzer. Ihre Eingangsdaten sind die m Messwerte $x_{1l}, x_{2l}, \ldots, x_{ml}$. Jedes der Mittel $\bar{x}_i$ steuert jeweils den l-ten Messwert bei. Die folgende Skizze verdeutliche die Zerlegung:

$$\begin{array}{ccccccccc}
x_{11} & x_{12} & \ldots & x_{1l} & \ldots & x_{1n} & \Rightarrow & \bar{x}_1 \\
x_{21} & x_{22} & \ldots & x_{2l} & \ldots & x_{2n} & \Rightarrow & \bar{x}_2 \\
\ldots & \ldots & \ldots & \ldots & \ldots & \ldots & \ldots & \ldots \\
x_{m1} & x_{m2} & \ldots & x_{ml} & \ldots & x_{mn} & \Rightarrow & \bar{x}_m \\
\Downarrow & \Downarrow & & \Downarrow & & \Downarrow & & \Downarrow \\
\bar{\beta}_{k1} & \bar{\beta}_{k2} & & \bar{\beta}_{kl} & & \bar{\beta}_{kn} & \Rightarrow & \bar{\beta}_k
\end{array}$$

Nach (16.9) sind die $\bar{\beta}_k$ die arithmetischen Mittel der Schätzer $\bar{\beta}_{kl}$. Die Differenzen

$$\bar{\beta}_{kl} - \bar{\beta}_k = \sum_{i=1}^{m} b_{ik} \left(x_{il} - \bar{x}_i \right) \ ; \quad l = 1, \ldots, n; \quad k = 1, \ldots, r$$

definieren die Elemente

$$s_{\bar{\beta}_k \bar{\beta}_{k'}} = \frac{1}{n-1} \sum_{l=1}^{n} \left(\bar{\beta}_{kl} - \bar{\beta}_k \right) \left(\bar{\beta}_{k'l} - \bar{\beta}_{k'} \right) ; \quad k, k' = 1, \ldots, r \tag{16.11}$$

der empirischen Varianz-Kovarianz Matrix

$$\boldsymbol{s}_{\bar{\boldsymbol{\beta}}} = \begin{pmatrix} s_{\bar{\beta}_1 \bar{\beta}_1} & s_{\bar{\beta}_1 \bar{\beta}_2} & \ldots & s_{\bar{\beta}_1 \bar{\beta}_r} \\ s_{\bar{\beta}_2 \bar{\beta}_1} & s_{\bar{\beta}_2 \bar{\beta}_2} & \ldots & s_{\bar{\beta}_2 \bar{\beta}_r} \\ \ldots & \ldots & \ldots & \ldots \\ s_{\bar{\beta}_r \bar{\beta}_1} & s_{\bar{\beta}_r \bar{\beta}_2} & \ldots & s_{\bar{\beta}_r \bar{\beta}_r} \end{pmatrix} , \quad s_{\bar{\beta}_k \bar{\beta}_k} \equiv s_{\bar{\beta}_k}^2 \tag{16.12}$$

des Kleinste-Quadrate Schätzers $\boldsymbol{\beta}$. Ausarbeiten von (16.11) zeigt

$$\begin{aligned} s_{\bar{\beta}_k \bar{\beta}_{k'}} &= \frac{1}{n-1} \sum_{l=1}^{n} \left[\sum_{i=1}^{m} b_{ik} \left(x_{il} - \bar{x}_i \right) \right] \left[\sum_{j=1}^{m} b_{jk'} (x_{jl} - \bar{x}_j) \right] \\ &= \sum_{i,j}^{m} b_{ik} b_{jk'} s_{ij} \ . \end{aligned} \tag{16.13}$$

Mit den Spaltenvektoren $\boldsymbol{b}_k$ der Matrix $\boldsymbol{B}$,

$$\boldsymbol{B} = (\boldsymbol{b}_1 \quad \boldsymbol{b}_2 \quad \cdots \quad \boldsymbol{b}_r) \,,$$

geht (16.13) in

$$s_{\bar{\beta}_k \bar{\beta}_{k'}} = \boldsymbol{b}_k^{\mathrm{T}} \boldsymbol{s}\, \boldsymbol{b}_{k'} \; ; \quad k, k' = 1, \ldots, r \tag{16.14}$$

und (16.12) in

$$s_{\bar{\beta}} = \begin{pmatrix} \boldsymbol{b}_1^{\mathrm{T}} \boldsymbol{s}\, \boldsymbol{b}_1 & \boldsymbol{b}_1^{\mathrm{T}} \boldsymbol{s}\, \boldsymbol{b}_2 & \ldots & \boldsymbol{b}_1^{\mathrm{T}} \boldsymbol{s}\, \boldsymbol{b}_r \\ \boldsymbol{b}_2^{\mathrm{T}} \boldsymbol{s}\, \boldsymbol{b}_1 & \boldsymbol{b}_2^{\mathrm{T}} \boldsymbol{s}\, \boldsymbol{b}_2 & \ldots & \boldsymbol{b}_2^{\mathrm{T}} \boldsymbol{s}\, \boldsymbol{b}_r \\ \ldots & \ldots & \ldots & \ldots \\ \boldsymbol{b}_r^{\mathrm{T}} \boldsymbol{s}\, \boldsymbol{b}_1 & \boldsymbol{b}_r^{\mathrm{T}} \boldsymbol{s}\, \boldsymbol{b}_2 & \ldots & \boldsymbol{b}_r^{\mathrm{T}} \boldsymbol{s}\, \boldsymbol{b}_r \end{pmatrix} = \boldsymbol{B}^{\mathrm{T}} \boldsymbol{s}\, \boldsymbol{B} \tag{16.15}$$

über.

Da die aufeinanderfolgenden Datenspalten $x_{1l}, x_{2l}, \ldots, x_{ml}$; $l = 1, \ldots, n$ voneinander unabhängig sind, gilt Gleiches für die $\bar{\beta}_{kl}$; $l = 1, \ldots, n$ des arithmetischen Mittels

$$\bar{\beta}_k = \frac{1}{n} \sum_{l=1}^{n} \bar{\beta}_{kl} \; ; \quad k = 1, \ldots, r \,.$$

Für festes l können die $x_{1l}, x_{2l}, \ldots, x_{ml}$ *unter sich* voneinander abhängen oder auch nicht. In jedem Falle sind die $\bar{\beta}_{kl}$ normalverteilt. Nach allem sind wir in der Lage, ein Student'sches

$$T(n-1) = \frac{\bar{\beta}_k - \mu_{\bar{\beta}_k}}{s_{\bar{\beta}_k} / \sqrt{n}}$$

$$\mu_{\bar{\beta}_k} = E\{\bar{\beta}_k\} \; ; \quad s_{\bar{\beta}_k \bar{\beta}_k} \equiv s_{\bar{\beta}_k}^2 \tag{16.16}$$

zu definieren. Die Vertrauensintervalle

$$\bar{\beta}_k - \frac{t_P\,(n-1)}{\sqrt{n}} \sqrt{\sum_{i,j}^{m} b_{ik} b_{jk}\, s_{ij}} \le \mu_{\bar{\beta}_k} \tag{16.17}$$

$$\le \bar{\beta}_k + \frac{t_P\,(n-1)}{\sqrt{n}} \sqrt{\sum_{i,j}^{m} b_{ik} b_{jk}\, s_{ij}} \; ; \quad k = 1, \ldots, r$$

lokalisieren die Erwartungswerte $\mu_{\bar{\beta}_k}$ mit Wahrscheinlichkeit P; die Höhe des Vertrauensniveaus legt das Student'sche $t_P(n-1)$ fest.

Halten wir l fest und nehmen wir an, die $x_{1l}, x_{2l}, \ldots, x_{ml}$ seien voneinander unabhängig. Dann wäre, bezogen auf festes i, die Reihenfolge der x_{il} willkürlich; insbesondere wären Vertauschungen zulässig. Die Vertauschungen nähmen keinen

Einfluss auf die $\bar{\beta}_k$, wohl aber auf die $\bar{\beta}_{kl}$. In der Matrix (16.3) änderten sich nicht die Diagonalelemente, wohl aber die nicht-diagonalen Elemente. In (16.15) schließlich änderten sich sowohl die diagonalen als auch die nicht-diagonalen Elemente. Keine der Konsequenzen stände außerhalb des mehrdimensionalen Modells normalverteilter Zufallsvariabler.

16.3 Fortpflanzung systematischer Fehler

Wir entnehmen (16.6) den Vektor

$$\boldsymbol{f}_{\bar{\boldsymbol{\beta}}} = \boldsymbol{B}^{\mathrm{T}} \boldsymbol{f} \tag{16.18}$$

der fortgepflanzten systematischen Fehler. Die Komponentendarstellung

$$f_{\bar{\beta}_k} = \sum_{i=1}^{m} b_{ik} f_i \; ; \quad k = 1, \ldots, r \, . \tag{16.19}$$

zeigt die Worst-Case Abschätzungen

$$f_{s,\bar{\beta}_k} = \sum_{i=1}^{m} | \, b_{ik} \, | \, f_{s,i} \, . \tag{16.20}$$

Für gleiche systematische Fehler, $f_i = f$, $f_{s,i} = f_s$; $i = 1, \ldots, m$, fällt die Abschätzung günstiger aus,

$$f_{s,\bar{\beta}_k} = f_s \left| \sum_{i=1}^{m} b_{ik} \right| \, . \tag{16.21}$$

Wegen

$$\boldsymbol{\mu}_{\bar{\boldsymbol{\beta}}} = \boldsymbol{\beta}_0 + \boldsymbol{B}^{\mathrm{T}} \boldsymbol{f}$$

haben wir

$$\mu_{\bar{\beta}_k} - f_{s,\bar{\beta}_k} \le \beta_{0,k} \le \mu_{\bar{\beta}_k} + f_{s,\bar{\beta}_k} \, ; \quad k = 1, \ldots, r \, . \tag{16.22}$$

Aussage (16.20) könnte suggerieren, der Formalismus antworte auf wachsendes m mit unangemessener Zunahme des Fehlers $f_{s,\bar{\beta}_k}$. In dieser Eigenschaft verwandelte der Formalismus einen vermehrten Zustrom an Information in Unschärfe. Das indessen ist nicht so, weil die Elemente der Matrix $\boldsymbol{B}$ den Aufstau systematischer Fehler verhindern, wie in Abschn. 13.3 diskutiert.

16.4 Unsicherheit des Lösungsvektors

Lineares Zusammenfügen der Intervalle (16.17) und (16.22) erzeugt die Gesamtunsicherheiten der Komponenten des Kleinste-Quadrate Schätzers. Für ungleiche systematische Fehler haben wir

$$\bar{\beta}_k - u_{\bar{\beta}_k} \le \beta_{0,k} \le \bar{\beta}_k + u_{\bar{\beta}_k} \;; \quad k = 1, \ldots, r$$

$$u_{\bar{\beta}_k} = \frac{t_P\,(n-1)}{\sqrt{n}} \sqrt{\sum_{i,j}^{m} b_{ik} b_{jk} s_{ij}} + \sum_{i=1}^{m} \mid b_{ik} \mid f_{s,i} \,, \tag{16.23}$$

für gleiche

$$\bar{\beta}_k - u_{\bar{\beta}_k} \le \beta_{0,k} \le \bar{\beta}_k + u_{\bar{\beta}_k} \;; \quad k = 1, \ldots, r$$

$$u_{\bar{\beta}_k} = \frac{t_P\,(n-1)}{\sqrt{n}} \sqrt{\sum_{i,j}^{m} b_{ik} b_{jk} s_{ij}} + f_s \left| \sum_{i=1}^{m} b_{ik} \right| . \tag{16.24}$$

Abbildung 16.1 unterstreicht, dass die Bedeutung der numerischen Werte der Schätzer per se nicht zu hoch angesiedelt werden sollte – Schätzer sind keineswegs eindeutige Größen. Vielmehr sind, je nach Eigenschaften des Experiments, unterschiedliche Zahlenwerte für ein und dieselbe physikalische Größe zu erwarten. Dessenungeachtet sollten die zugehörigen Unsicherheitsintervalle hinreichende Überlappungen zeigen. – Genauere Aussagen sind nicht realisierbar.

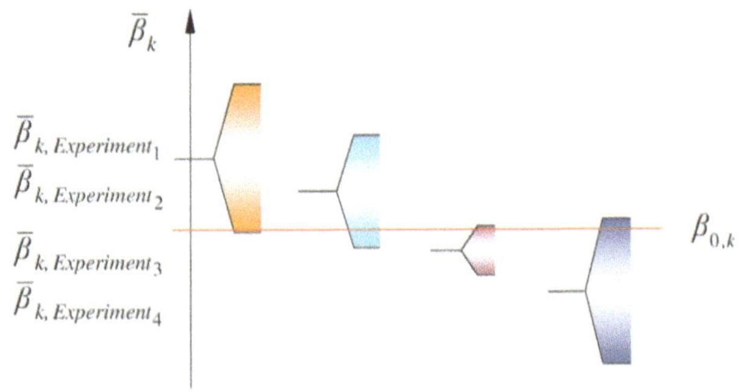

Abb. 16.1 Die seitens unterschiedlicher Experimente definierten Unsicherheitsintervalle ein und derselben physikalische Größe $\beta_{0,k}$ sollten sich wechselseitig überlappen

17 Gewichteter Ausgleich

Gewichtsfaktoren verschieben die Schätzer des Ausgleichs und reduzieren deren Unsicherheiten.

17.1 Gauß-Markoff'sches Theorem

Der klassische Ausgleich stützt das Zuweisen von Messunsicherheiten auf das Gauß-Markoff'sche Theorem. Letzteres regelt das Setzen von Gewichtsfaktoren. Gewichte sollten den Einfluss genauerer Messungen stärken und den Einfluss ungenauerer mindern. Damit, das ist die Idee, ließen sich die Unsicherheiten der Schätzer reduzieren. Indessen, Gewichte reduzieren nicht nur die Unsicherheiten der Schätzer, vielmehr verschieben sie auch die Schätzer selbst, wobei der Experimentator nicht weiß, ob näher zu den wahren Werten hin oder weiter von ihnen weg. – Im letzteren Fall besteht zumindest prinzipiell die Gefahr der Delokalisierung wahrer Werte.

Wir fassen die Gewichte des Ausgleichs zu einer *Gewichtsmatrix* zusammen. Das Gauß-Markoff'sche Theorem legt die Gewichtsmatrix an Hand der theoretischen Varianz-Kovarianz Matrix der Eingangsdaten fest. In dieser Eigenschaft sichert es, scheinbar, die Objektivität der Aussage:

Unter allen erwartungstreuen, in den Eingangsdaten linearen Schätzern minimiert der nach kleinsten Quadraten konstruierte die Diagonalelemente der theoretischen Varianz-Kovarianz Matrix des Lösungsvektors.

Bei fester Entwurfsmatrix ist das Theorem zweifelsfrei richtig, indessen war es zu keinem Zeitpunkt praktisch anwendbar: Der Experimentator kennt nämlich die theoretische Varianz-Kovarianz Matrix der Eingangsdaten nicht und für die ihm zur Verfügung stehende empirische Varianz-Kovarianz Matrix gilt das Theorem nicht. Überdies sagt das Theorem nichts über die Struktur der Entwurfsmatrix aus. Existieren zu ein und demselben Messproblem unterschiedliche Entwurfsmatrizen, so

DOI 10.1007/978-3-642-17822-1,

erzeugte das Theorem unterschiedliche Sätze von Messunsicherheiten. Auch aus dieser Sicht ist das Theorem wenig hilfreich.

Im Rahmen der generalisierten Gauß'schen Fehlerrechnung steht das Gauß-Markoff'sche Theorem a priori außerhalb metrologischer Anwendungen, weil systematische Fehler die Erwartungstreue des Kleinste-Quadrate Schätzers aufheben.

Nach allem muss der Experimentator seine Gewichtsfaktoren selbst wählen. Dabei liegt es in seinem Ermessen zu entscheiden, welche Eingangsdaten er für zuverlässiger und welche er für möglicherweise weniger zuverlässig hält. Entscheidend ist, dass die Gewichtsfaktoren die in ihrer Länge schrumpfenden Intervalle *Schätzer* $\pm$ *Unsicherheit* nicht an den wahren Werten der Schätzer „vorbeischieben", dass Gewichte keine Delokalisierungen wahrer Werte nach sich ziehen.

Ob die Schätzer des gewichteten Ausgleichs *optimal* sind oder nicht, ist von sekundärem Interesse. – Zu niedrige Messunsicherheiten, die die wahren Werte verfehlen, machten die Bemühungen der Experimentatoren zunichte, zu große Unsicherheiten verschenkten nutzbare Informationen. Damit ist klar, dass wir wichten müssen – die Frage ist eben nur wie.

17.2 Gewichtsmatrizen

Wir legen unseren Betrachtungen eine diagonale Gewichtsmatrix

$$\boldsymbol{G} = \text{diag}\{g_1, g_2, \ldots, g_m\} \tag{17.1}$$

zugrunde und identifizieren die Gewichte $g_i; i = 1, \ldots, m$ zunächst mit den reziproken Unsicherheiten der Eingangsdaten

$$g_i = 1/u_{\bar{x}_i} \; ; \quad i = 1, \ldots, m \; . \tag{17.2}$$

Je kleiner die Unsicherheit $u_{\bar{x}_i}$, desto größer das Gewicht des zugehörigen Mittels. Multiplizieren des inkonsistenten Systems

$$\boldsymbol{A\beta} \approx \bar{\boldsymbol{x}}$$

von links mit $\boldsymbol{G}$,

$$\boldsymbol{GA\beta} \approx \boldsymbol{G}\bar{\boldsymbol{x}} \; , \tag{17.3}$$

erzeugt den Lösungsvektor

$$\bar{\boldsymbol{\beta}} = \tilde{\boldsymbol{B}}^{\mathrm{T}} \boldsymbol{G}\bar{\boldsymbol{x}} \; , \quad \tilde{\boldsymbol{B}} = (\boldsymbol{GA}) \left[(\boldsymbol{GA})^{\mathrm{T}} (\boldsymbol{GA}) \right]^{-1} \tag{17.4}$$

des gewichteten Systems.

Selbstredend verschieben Gewichtsfaktoren nicht die Komponenten des wahren Lösungsvektors $\boldsymbol{\beta}_0$, da

$$\boldsymbol{GA\beta}_0 = \boldsymbol{Gx}_0$$

zurück zu

$$\boldsymbol{\beta}_0 = \left[(\boldsymbol{G}\boldsymbol{A})^{\mathrm{T}}(\boldsymbol{G}\boldsymbol{A})\right]^{-1}(\boldsymbol{G}\boldsymbol{A})^{\mathrm{T}}\boldsymbol{G}\boldsymbol{x}_0$$

führt. Dieses Resultat ist keineswegs trivial, insofern nicht, als es festlegt, ob die Wichtung die Lokalisierung wahrer Werte aufrechterhält oder nicht.

Die Prozedur des Zuweisens von Unsicherheiten beginnt mit der Zerlegung

$$\begin{aligned}\bar{\boldsymbol{\beta}} &= \tilde{\boldsymbol{B}}^{\mathrm{T}}\boldsymbol{G}\left[\boldsymbol{x}_0 + (\bar{\boldsymbol{x}} - \boldsymbol{\mu}) + \boldsymbol{f}\right] \\ &= \boldsymbol{\beta}_0 + \tilde{\boldsymbol{B}}^{\mathrm{T}}\boldsymbol{G}\,(\bar{\boldsymbol{x}} - \boldsymbol{\mu}) + \tilde{\boldsymbol{B}}^{\mathrm{T}}\boldsymbol{G}\boldsymbol{f}\ . \end{aligned} \tag{17.5}$$

Die empirische Varianz-Kovarianz Matrix des Lösungsvektors ist

$$\boldsymbol{s}_{\bar{\boldsymbol{\beta}}} = \tilde{\boldsymbol{B}}^{\mathrm{T}}\left(\boldsymbol{G}^{\mathrm{T}}\boldsymbol{s}\,\boldsymbol{G}\right)\tilde{\boldsymbol{B}}\ , \tag{17.6}$$

mit $\boldsymbol{s}$ nach (16.3). Bezeichne

$$\tilde{\boldsymbol{\mu}}_{\bar{\boldsymbol{\beta}}} = \boldsymbol{\beta}_0 + \tilde{\boldsymbol{B}}^{\mathrm{T}}\boldsymbol{G}\boldsymbol{f} \tag{17.7}$$

den Erwartungswert der formalen Zerlegung (17.5). Dann lokalisieren die Vertrauensintervalle

$$\bar{\beta}_k \pm \frac{t_P(n-1)}{\sqrt{n}}\sqrt{\sum_{i,j}^{m}\tilde{b}_{ik}\tilde{b}_{jk}g_i g_j\, s_{ij}}\ ; \quad k = 1,\ldots,r \tag{17.8}$$

die Komponenten des Vektors $\tilde{\boldsymbol{\mu}}_{\bar{\boldsymbol{\beta}}}$ mit Wahrscheinlichkeit P. Die Höhe des Vertrauensniveaus legt das Student'sche $t_P(n-1)$ fest.

Wenden wir uns dem Vektor

$$\tilde{\boldsymbol{f}}_{\bar{\boldsymbol{\beta}}} = \tilde{\boldsymbol{B}}^{\mathrm{T}}\boldsymbol{G}\boldsymbol{f} \tag{17.9}$$

der fortgepflanzten systematischen Fehler zu. Seine Komponenten

$$\tilde{f}_{\bar{\beta}_k} = \sum_{i=1}^{m}\tilde{b}_{ik}g_i f_i\ ; \quad k = 1,\ldots,r \tag{17.10}$$

zeigen die Worst-Case Abschätzungen

$$\tilde{f}_{s,\bar{\beta}_k} = \sum_{i=1}^{m}|\,\tilde{b}_{ik}\,|\,g_i f_{s,i}\ ; \quad k = 1,\ldots,r\ . \tag{17.11}$$

Für gleiche systematische Fehler wird

$$\tilde{f}_{s,\bar{\beta}_k} = f_s\left|\sum_{i=1}^{m}\tilde{b}_{ik}g_i\right|\ ; \quad k = 1,\ldots,r\ . \tag{17.12}$$

Im ersteren Fall haben wir

$$\bar{\beta}_k - u_{\bar{\beta}_k} \le \beta_{0,k} \le \bar{\beta}_k + u_{\bar{\beta}_k}\,; \quad k = 1,\dots,r$$

$$u_{\bar{\beta}_k} = \frac{t_P(n-1)}{\sqrt{n}} \sqrt{\sum_{i,j}^{m} \tilde{b}_{ik}\tilde{b}_{jk} g_i g_j s_{ij}} + \sum_{i=1}^{m} |\,\tilde{b}_{ik}\,|\, g_i f_{s,i} \tag{17.13}$$

im letzteren

$$\bar{\beta}_k - u_{\bar{\beta}_k} \le \beta_{0,k} \le \bar{\beta}_k + u_{\bar{\beta}_k}\,; \quad k = 1,\dots,r$$

$$u_{\bar{\beta}_k} = \frac{t_P(n-1)}{\sqrt{n}} \sqrt{\sum_{i,j}^{m} \tilde{b}_{ik}\tilde{b}_{jk} g_i g_j s_{ij}} + f_s \left| \sum_{i=1}^{m} \tilde{b}_{ik} g_i \right| . \tag{17.14}$$

Die Resultatangaben (17.13) und (17.14) zeigen, dass das Fehlermodell (2.7) die Lokalisierung der wahren Werte $\beta_{0,k}$; $k = 1,\dots,r$ der Schätzer des Ausgleichs sichert – sogar für jede beliebige Wahl der Gewichtsfaktoren. Diese Feststellung ist für die Metrologie von fundamentaler Bedeutung.

Wie Abb. 17.1 unterstreicht, hängt der Ausgleich nach kleinsten Quadraten ab von den

- Eingangsdaten $\bar{\boldsymbol{x}}$, der
- Entwurfsmatrix $\boldsymbol{A}$, der
- Gewichtsmatrix $\boldsymbol{G}$, insbesondere aber vom
- Fehlermodell.

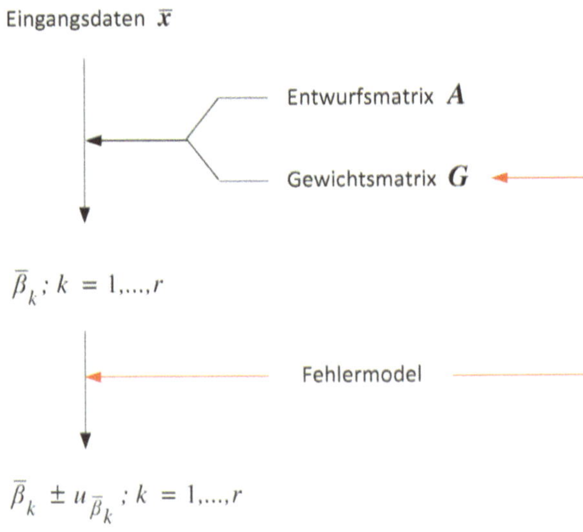

Abb. 17.1 Die Resultate $\bar{\beta}_k \pm u_{\bar{\beta}_k}$ des Ausgleichs nach kleinsten Quadraten hängen vom Vektor $\bar{\boldsymbol{x}}$ der Eingangsdaten, von der Entwurfsmatrix $\boldsymbol{A}$, der Gewichtsmatrix $\boldsymbol{G}$ und vom Fehlermodell ab

Im Jahre 1971 thematisierte eine bemerkenswerte, in der Retrospektive immens lehrreiche Podiumsdiskussion die Frage *„Should Least Squares Adjustment of the Fundamental Constants be Abolished?* [22]. Unter anderem wurde diskutiert, ob sich die Methode der kleinsten Quadrate für die Metrologie überhaupt eigne. Denn ungeachtet sorgfältig durchgeführter Experimente brachte der Ausgleich wieder und wieder numerische Diskrepanzen zu Tage für die jedenfalls zu jener Zeit keine Erklärung gegeben werden konnte. Indessen, aus Sicht des hier diskutierten Fehlermodells liegt die Vermutung nahe, dass nicht die Methode der kleinsten Quadrate Ursache der numerischen Unverträglichkeiten war, sondern wohl eher das seinerzeit gebräuchliche Fehlermodell.

Das in Abschn. 1.4 vorgestellte Nicht-Gauß'sche Szenario könnte den Gordischen Knoten also lösen.

17.3 Numerisches Beispiel

Ein einfaches numerisches Beispiel illustriere die Lokalisierung der wahren Werte der Kleinste-Quadrate Schätzer.

Nehmen wir an, Entwurfsmatrix $\boldsymbol{A}$, wahrer Lösungsvektor $\boldsymbol{\beta}_0$ und wahrer Vektor der Eingangsdaten $\boldsymbol{x}_0$ des linearen Systems

$$\boldsymbol{A}\boldsymbol{\beta}_0 = \boldsymbol{x}_0$$

seien durch

$$\boldsymbol{A} = \begin{pmatrix} -1 & -3 & 1 & 0 & 2 \\ 0 & -1 & 2 & -3 & 1 \\ 3 & 1 & -2 & -1 & 4 \\ -2 & 1 & -1 & 3 & 2 \\ 3 & -1 & 2 & 1 & 0 \\ -2 & 2 & 0 & -1 & 3 \\ 0 & 2 & -2 & 3 & -1 \end{pmatrix}; \quad \boldsymbol{x}_0 = \begin{pmatrix} 6 \\ -3 \\ 15 \\ 19 \\ 11 \\ 13 \\ 5 \end{pmatrix}; \quad \boldsymbol{\beta}_0 = \begin{pmatrix} 1 \\ 2 \\ 3 \\ 4 \\ 5 \end{pmatrix}.$$

gegeben.

Wir überlagern dem Vektor $\boldsymbol{x}_0$ zufällige und systematische Fehler. Erstere ziehen wir aus einer Normalverteilung mit dem Erwartungswert 0 und den Standardabweichungen $\sigma_1, \ldots, \sigma_7 = 0{,}1\times10^{-4}; 4{,}0\times10^{-4}; 3{,}0\times10^{-4}; 10^{-4}; 5{,}0\times10^{-4}; 2{,}0\times10^{-4}; 10{,}0 \times 10^{-4}$. Um die systematischen Fehler in einer mit den zufälligen Fehlern vergleichbaren Größenordnung zu halten, setzen wir willkürlich $f_{s,i} = \sqrt{3} \times \sigma_i / \sqrt{n}$. Tabelle 17.1 zeigt die simulierten Daten.

Die Resultate des ungewichteten Ausgleichs fasst Tabelle 17.2 zusammen. Die zugehörigen Graphiken finden sich in Abb. 17.2. Den gewichteten Ausgleich zeigen Tabelle 17.3 und Abb. 17.3.

Tabelle 17.1 Simulation der Eingangsdaten

l	$X(1,l)$	$X(2,l)$	$X(3,l)$	$X(4,l)$	$X(5,l)$	$X(6,l)$	$X(7,l)$
1	6,0000083	−3,0007689	14,9996009	18,9999335	10,9992809	12,9997582	4,9981238
2	6,0000077	−3,0005548	14,9996055	18,9999621	10,9997957	12,9999402	5,0003239
3	5,9999854	−3,0003025	14,9998035	18,9998951	10,9996081	12,9998138	5,0006058
4	5,9999715	−2,9999167	14,9995426	18,9998747	10,9996884	12,9997848	5,0001231
5	6,0000124	−3,0000688	14,9995465	18,9999960	10,9995469	12,9999015	5,0003448
6	5,9999984	−3,0007573	14,9991219	18,9999031	10,9986873	13,0001412	4,9990346
7	5,9999947	−2,9996263	14,9995842	18,9999681	10,9996544	12,9993865	4,9994214
8	5,9999905	−3,0002060	14,9999129	18,9998493	11,0004228	13,0000074	4,9997327
9	5,9999792	−2,9994709	14,9997805	18,9999306	11,0000520	12,9996888	5,0009143
10	5,9999967	−3,0007027	14,9997854	19,0000197	10,9995376	13,0000793	4,9999616

Tabelle 17.2 Ungewichteter Ausgleich

k	$\bar{\beta}_k$	$u_{\bar{\beta}_k}$	$\bar{\beta}_k - u_{\bar{\beta}_k}$		$\bar{\beta}_{0,k}$		$\bar{\beta}_k + u_{\bar{\beta}_k}$
1	0,99992	0,00014	0,99978	$\le$	1	$\le$	1,00006
2	1,99993	0,00016	1,99977	$\le$	2	$\le$	2,00009
3	2,99990	0,00025	2,99965	$\le$	3	$\le$	3,00015
4	3,99996	0,00017	3,99979	$\le$	4	$\le$	4,00013
5	4,99993	0,00009	4,99984	$\le$	5	$\le$	5,00002

Tabelle 17.3 Gewichteter Ausgleich

k	$\bar{\beta}_k$	$u_{\bar{\beta}_k}$	$\bar{\beta}_k - u_{\bar{\beta}_k}$		$\bar{\beta}_{0,k}$		$\bar{\beta}_k + u_{\bar{\beta}_k}$
1	0,99992	0,00014	0,99978	$\le$	1	$\le$	1,00006
2	1,99994	0,00010	1,99984	$\le$	2	$\le$	2,00004
3	2,99990	0,00024	2,99966	$\le$	3	$\le$	3,00014
4	3,99997	0,00011	3,99986	$\le$	4	$\le$	4,00008
5	4,99992	0,00009	4,99983	$\le$	5	$\le$	5,00001

Die Größe des Einflusses der aktuellen systematischen Fehler $f_i;\ i = 1,\ldots,m$ auf die Schätzer $\bar{\beta}_k;\ k = 1,\ldots,5$ ist durch die Vorzeichenkombinationen zwischen den f_i und den Elementen b_{ik} der Matrix $\boldsymbol{B}$ gegeben, wie (16.19) und (17.10) zeigen. Mit $f_i = -\mathrm{sign}(b_{i,k}) * f_{s,i}$ lässt sich der Einfluss zumindest für einen Schätzer maximieren. Im vorliegenden Beispiel ist das für $k = 5$ geschehen.

Natürlich könnte man über die Wahrscheinlichkeit eines derartigen Ereignisses spekulieren. Indessen, der Experimentator hat definitiv nichts in der Hand, es auszuschließen. Eher bietet es sich an, möglichen pathologischen Situationen mit formaler Robustheit zu begegnen.

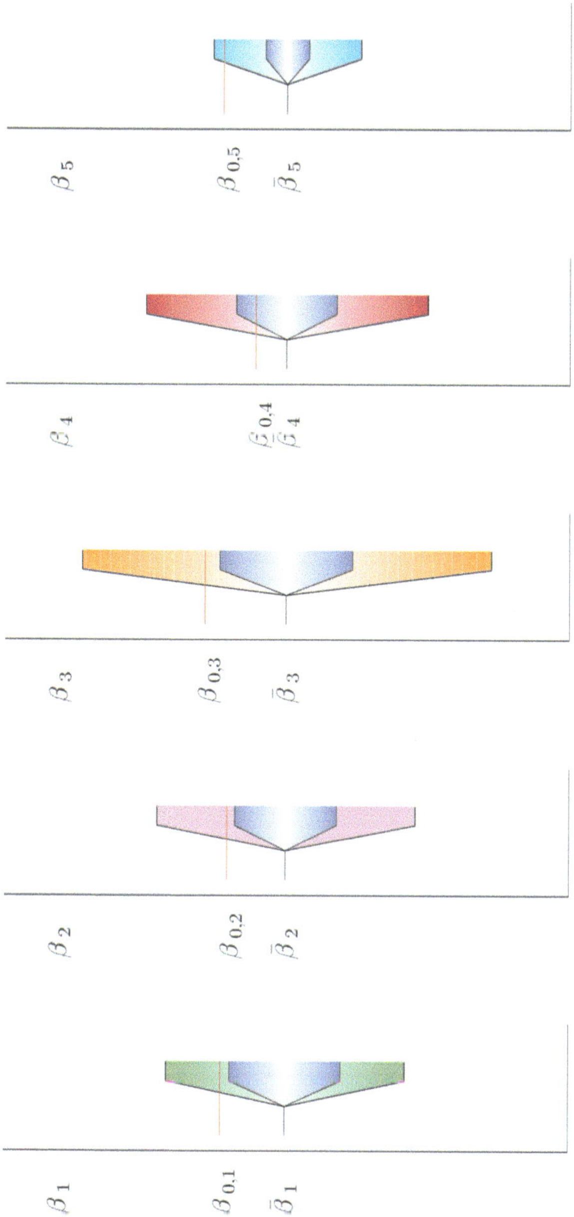

Abb. 17.2 Ungewichteter Ausgleich – Lokalisierung wahrer Werte. Innere Fehlergabeln: auf zufällige Fehler zurückgehende Unsicherheitsanteile; äußere Fehlergabeln: durch zufällige und systematische Fehler definierte Gesamtunsicherheiten

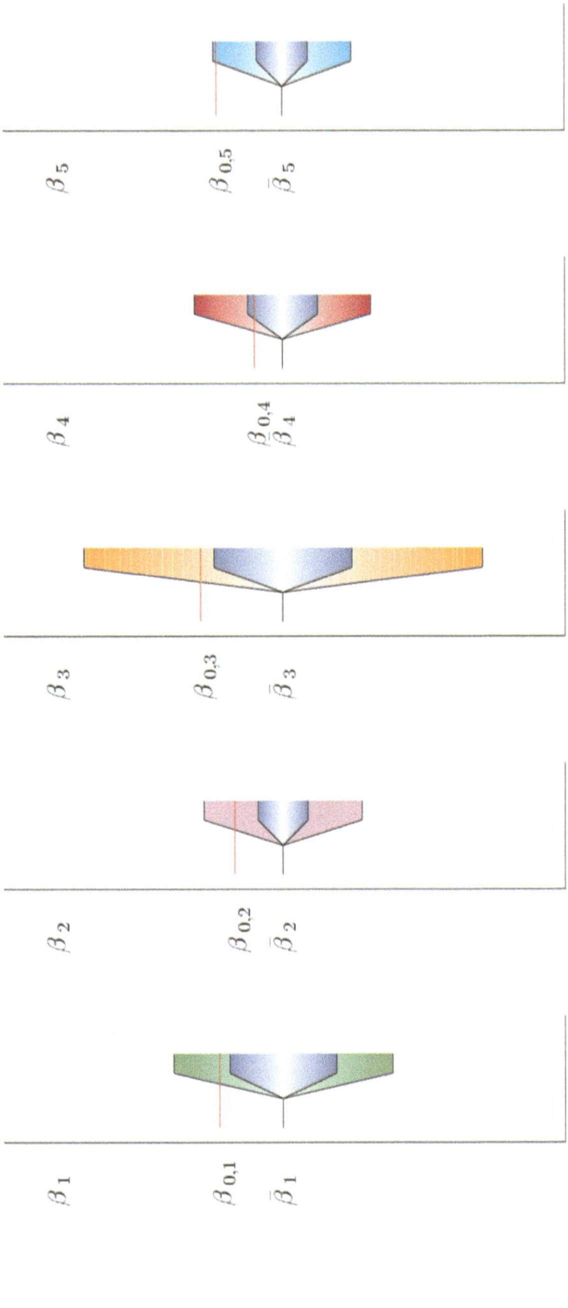

Abb. 17.3 Gewichteter Ausgleich – Lokalisierung wahrer Werte. Innere Fehlergabeln: auf zufällige Fehler zurückgehende Unsicherheitsanteile; äußere Fehlergabeln: durch zufällige und systematische Fehler definierte Gesamtunsicherheiten

18 Naturkonstanten der Physik

Ein kleiner Irrtum am Anfang ist ein großer am Ende.
Thomas von Aquin, 1225–1274

18.1 Ausgleich naturkonstanter Größen

Mathematische formulierte Gesetze und Naturkonstanten strukturieren das physikalische Sein und physikalisch Seiende. Als Naturkonstanten gelten die Plancksche Konstante, der Radius und die Masse des Elektrons, die Sommerfeldsche Feinstrukturkonstante, die Newtonsche Gravitationskonstante, der Bohrsche Radius, die magnetische und die elektrische Feldkonstante, die Rydberg-Konstante, die Lichtgeschwindigkeit, die Compton-Wellenlänge, etc.

Naturkonstanten sind, sofern nicht per Definition festgelegt, mit Messunsicherheiten behaftet. Verknüpfte man sie so wie gemessen, in ihren Rohformen also, stieße man, wie nicht anders zu erwarten, auf numerische Widersprüche. Aus Gründen des Naturverständnisses und aus metrologischen Gründen möchte man über einen Satz von Naturkonstanten verfügen, der frei von numerischen Widersprüchen in sich *konsistent* ist. Hierzu bietet sich die Methode der kleinsten Quadrate an.

18.2 Konsistenz versus Lokalisierung

Der Ausgleich naturkonstanter Größen stützt sich auf die Zusammenarbeit der metrologischen Staatsinstitute der Welt und wird periodisch aktualisiert, [18]. Aus Gründen der Zweckmäßigkeit unterwirft man eine hinreichend kleine Untermenge von Konstanten dem Ausgleich und berechnet aus diesem Satz die nicht am Ausgleich beteiligten Konstanten, [8].

Während es relativ einfach ist, einen in sich konsistenten Satz naturkonstanter Größen zu kompilieren, ist die darüberhinausgehende Zielsetzung, die numerische Lokalisierung der wahren Werte der Konstanten, eine Herkules-Arbeit. Die Idee ist, die Schätzer der Naturkonstanten, bezeichnen wir sie mit $\bar{C}_k$; $k = 1, 2, \ldots$, solange zu verschieben, bis wechselseitige Konsistenz herrscht und jedes der Intervalle

$$\bar{C}_k \pm u_{\bar{C}_k} \; ; \quad k = 1, 2, \ldots$$

DOI 10.1007/978-3-642-17822-1, © Springer 2011

den zugehörigen wahren Wert $C_{0,k}$ lokalisiert, also

$$\bar{C}_k - u_{\bar{C}_k} \leq C_{0,k} \leq \bar{C}_k + u_{\bar{C}_k} \; ; \quad k = 1, 2, \ldots$$

gilt. Wie (16.24) und (17.14) zeigen, ist nachträgliches numerisches Verschieben experimentell bestimmter Größen durchaus zulässig, da letztere ohnehin fehlerhaft sind und das hier diskutierte Fehlermodell Verschiebungen quantitativ kontrolliert, d. h. die Lokalisierungen der wahren Werte bewahrt – was durchaus nicht selbstverständlich ist.

Die Unsicherheiten der via Ausgleich festgelegten naturkonstanten Größen sollten sich auf die Elemente der empirischen Varianz-Kovarianz Matrix des Lösungsvektors und die Worst-Case Abschätzungen der Vorlasten des Lösungsvektors stützen.

Zumindest der Idee nach sollte es so möglich sein, ein und dieselbe physikalische Größe aus anderen physikalischen Größen auf unterschiedlichen Pfaden widerspruchsfrei zu bestimmen, unter steter Wahrung der *Traceability*.

Wie bekannt, ist die mathematische Formalisierung physikalischer Thesen in irgendeiner Form an Naturkonstanten gebunden. Indessen genügt dem Experimentator keineswegs die bloße Konsistenz letzterer, im Gegenteil, stützte er sich nur auf Konsistenz, könnte ihn das in die Irre führen. Vielmehr setzt die Entscheidung, ob eine These wahr sein kann oder nicht voraus, dass die Unsicherheiten der eingehenden Konstanten deren wahre Werte lokalisieren.

Teil VI
Ausgleichsgeraden

19 Vorbemerkungen

Das Anpassen von Ausgleichsgeraden an fehlerhafte Datenpaare

$$(x_1, y_1)\,, \quad (x_2, y_2)\,, \quad \ldots \quad (x_m, y_m)\,; \quad m > 2$$

gehört zu den Standardprozeduren der Fehlerrechnung.

19.1 Fallunterscheidungen

Fall (i) unterstellt korrekte Abszissen und fehlerhafte Ordinaten. Für jede Ordinate liege genau ein Messwert vor, die zufälligen Fehler der Ordinaten sollen aus derselben Normalverteilung stammen, jeder Ordinate sei derselbe systematische Fehler überlagert.

Fall (ii) geht ebenfalls von korrekten Abszissen und fehlerhaften Ordinaten aus. Allerdings sei jede der Ordinaten jetzt n-mal gemessen worden, dabei können sich die Streubreiten der zufälligen Fehler von Ordinate zu Ordinate ändern, überdies kann jeder Ordinate ein anderer systematischer Fehler überlagert sein.

Fall (iii) schließlich verarbeitet fehlerhafte Abszissen und fehlerhafte Ordinaten. Jede der Koordinaten sei n-mal gemessen worden, die Streubreiten der zufälligen Fehler können sich von Koordinate zu Koordinate ändern, jeder Koordinate kann ein anderer systematischer Fehler überlagert sein.

Tabelle 19.1 Anpassen von Geraden, Fallunterscheidungen

Fall	Abszissen	Ordinaten
(i)	fehlerfrei	Einzelmessungen
(ii)	fehlerfrei	Wiederholungsmessungen
(iii)	Wiederholungsmessungen	Wiederholungsmessungen

M. Grabe, *Grundriss der generalisierten Gauß'schen Fehlerrechnung*.
DOI 10.1007/978-3-642-17822-1, © Springer 2011

19.2 Wahre Gerade

Notieren wir die Gleichung der Geraden in der Form

$$y(x) = \beta_{0,1} + \beta_{0,2}\, x\ , \tag{19.1}$$

die beiden Parameter legen Ordinatenabschnitt und Steigung fest. Nehmen wir an, (19.1) sei für m Datenpaare

$$(x_{0,1}, y_{0,1})\,, \quad (x_{0,2}, y_{0,2})\,, \quad \dots \quad (x_{0,m}, y_{0,m}) \tag{19.2}$$

exakt erfüllt, in Matrixform

$$\boldsymbol{A}\boldsymbol{\beta}_0 = \boldsymbol{y}_0 \tag{19.3}$$

mit

$$\boldsymbol{A} = \begin{pmatrix} 1 & x_{0,1} \\ 1 & x_{0,2} \\ \dots & \dots \\ 1 & x_{0,m} \end{pmatrix}, \quad \boldsymbol{\beta_0} = \begin{pmatrix} \beta_{0,1} \\ \beta_{0,2} \end{pmatrix}, \quad \boldsymbol{y_0} = \begin{pmatrix} y_{0,1} \\ y_{0,2} \\ \dots \\ y_{0,m} \end{pmatrix}. \tag{19.4}$$

Die Matrix $\boldsymbol{A}$ habe den Rang 2, $\mathrm{rg}(\boldsymbol{A}) = 2$. Dann reproduziert das lineare System (19.3) den Vektor

$$\boldsymbol{\beta}_0 = \boldsymbol{B}^{\mathrm{T}}\boldsymbol{y_0}\,, \quad \boldsymbol{B} = \boldsymbol{A}\left(\boldsymbol{A}^{\mathrm{T}}\boldsymbol{A}\right)^{-1}\ . \tag{19.5}$$

Wir bezeichnen (19.1) als wahre Gerade, (19.2) als wahre Eingangsdaten und (19.5) als wahren Lösungsvektor.

Sollte kein Satz wahrer Eingangsdaten existieren, wäre die Anpassung ein *schlecht gestelltes Problem* und als solches sinnvoller Weise nicht der Fehlerrechnung zu unterwerfen. Dessenungeachtet, solange $\mathrm{rg}(\boldsymbol{A}) = 2$, produzierte die Methode der kleinsten Quadrate eine Ausgleichsgerade – deshalb, weil die orthogonale Projektion über die Fehlerstruktur der Eingangsdaten „hinwegsieht“. Um zu betonen: Der Ausgleich entlässt den Anwender nicht aus der Verantwortung, für die physikalische Richtigkeit seiner Problemstellung Sorge zu tragen. Läge dem Problem keine wahre Gerade zugrunde, so wären Unsicherheitsangaben Mischungen aus physikalischen Widersprüchen und Messfehlern. Im Folgenden unterstellen wir, (19.1) sei definiert.

Ziel des Ausgleichs ist, die in den Messdaten verborgenen wahren Parameter $\beta_{0,1}$ und $\beta_{0,2}$ über Intervalle

$$\bar{\beta}_1 - u_{\bar{\beta}_1} \le \beta_{0,1} \le \bar{\beta}_1 + u_{\bar{\beta}_1}\,, \quad \bar{\beta}_2 - u_{\bar{\beta}_2} \le \beta_{0,2} \le \bar{\beta}_2 + u_{\bar{\beta}_2}$$

zu lokalisieren. Problembedingt kann aber auch die wechselseitige Abhängigkeit der Schätzer $\bar{\beta}_1$ und $\bar{\beta}_2$ von Interesse sein.

20 Anpassen von Geraden: Fall (i)

Fall (i), Tabelle 19.1 setzt korrekte Abszissen und fehlerhafte Ordinaten voraus: Jede Ordinate ist genau einmal gemessen worden, die zufälligen Messfehler stammen aus derselben Normalverteilung, jeder Ordinate ist derselbe systematische Fehler überlagert.

20.1 Voraussetzungen

Gegeben seien $m > 2$ Abszissen und Ordinaten, geordnet in Paaren

$$(x_{0,1}, y_1), \quad (x_{0,2}, y_2), \quad \dots \quad (x_{0,m}, y_m). \tag{20.1}$$

Die Abszissen $x_{0,i}$ seien fehlerfrei, die Ordinaten y_i fehlerhaft,

$$y_i = y_{0,i} + (y_i - \mu_{y_i}) + f_{y_i} \; ; \quad i = 1, \dots, m . \tag{20.2}$$

Sei y_i eine Realisierung der Zufallsvariablen Y_i, $E\{Y_i\} = \mu_{y_i}$. Wir setzen voraus, die zufälligen Fehler $(y_i - \mu_{y_i})$; $i = 1, \dots, m$ stammten aus derselben $N(\mu, \sigma)$-Normalverteilung, so dass $\sigma_y^2 = E\{(Y_i - \mu_{y_i})^2\}$; $i = 1, \dots, m$. Jede Ordinate sei mit demselben systematischen Fehler

$$f_{y_i} = f_y \; ; \quad i = 1, \dots, m \; ; \quad -f_{s,y} \le f_y \le f_{s,y} \tag{20.3}$$

belastet. Im Moment sind wir nicht in der Lage, den Messwerten y_i Unsicherheiten zuzuweisen, können die wahren Werte $y_{0,i}$ nicht über Intervalle

$$y_i - u_{y_i} \le y_{0,i} \le y_i + u_{y_i} \; ; \quad i = 1, \dots, m$$

lokalisieren. Indessen wird das nach vollzogenem Ausgleich möglich sein.

M. Grabe, *Grundriss der generalisierten Gauß'schen Fehlerrechnung*.
DOI 10.1007/978-3-642-17822-1,

20.2 Orthogonale Projektion

Unterwerfen wir das in sich widersprüchliche, überbestimmte, lineare System

$$\beta_1 + \beta_2 x_{0,i} \approx y_i \ ; \quad i = 1, \dots, m > 2 \tag{20.4}$$

dem Ausgleich nach kleinsten Quadraten. Bezeichne

$$y(x) = \bar{\beta}_1 + \bar{\beta}_2 x \tag{20.5}$$

die in Frage stehende Ausgleichsgerade. Mit

$$\boldsymbol{A} = \begin{pmatrix} 1 & x_{0,1} \\ 1 & x_{0,2} \\ \cdots & \cdots \\ 1 & x_{0,m} \end{pmatrix}, \quad \boldsymbol{\beta} = \begin{pmatrix} \beta_1 \\ \beta_2 \end{pmatrix}, \quad \boldsymbol{y} = \begin{pmatrix} y_1 \\ y_2 \\ \cdots \\ y_m \end{pmatrix}$$

geht (20.4) in

$$\boldsymbol{A}\boldsymbol{\beta} \approx \boldsymbol{y}$$

über. Die orthogonale Projektion des Beobachtungsvektors $\boldsymbol{y}$ in den Spaltenraum der Matrix $\boldsymbol{A}$ erzeugt das lösbare lineare System

$$\boldsymbol{A}\bar{\boldsymbol{\beta}} = \boldsymbol{P}\boldsymbol{y} \ .$$

Lösungsvektor ist

$$\bar{\boldsymbol{\beta}} = \boldsymbol{B}^{\mathrm{T}}\boldsymbol{y} \tag{20.6}$$

mit

$$\boldsymbol{B} = \boldsymbol{A}\left(\boldsymbol{A}^{\mathrm{T}}\boldsymbol{A}\right)^{-1} = \begin{pmatrix} b_{11} & b_{12} \\ b_{21} & b_{22} \\ \cdots & \cdots \\ b_{m1} & b_{m2} \end{pmatrix},$$

explizit

$$\boldsymbol{B} = \frac{1}{D} \begin{bmatrix} \sum\limits_{j=1}^{m} x_{0,j}^2 - x_{0,1} \sum\limits_{j=1}^{m} x_{0,j} & -\sum\limits_{j=1}^{m} x_{0,j} + m\, x_{0,1} \\ \sum\limits_{j=1}^{m} x_{0,j}^2 - x_{0,2} \sum\limits_{j=1}^{m} x_{0,j} & -\sum\limits_{j=1}^{m} x_{0,j} + m\, x_{0,2} \\ \cdots & \cdots \\ \sum\limits_{j=1}^{m} x_{0,j}^2 - x_{0,m} \sum\limits_{j=1}^{m} x_{0,j} & -\sum\limits_{j=1}^{m} x_{0,j} + m\, x_{0,m} \end{bmatrix}, \tag{20.7}$$

wobei

$$D = |\,\boldsymbol{A}^{\mathrm{T}}\boldsymbol{A}\,| = m \sum_{j=1}^{m} x_{0,j}^{2} - \left[\sum_{j=1}^{m} x_{0,j} \right]^{2} .$$

Die Komponentendarstellung von (20.6) ist

$$\bar{\beta}_k = \sum_{i=1}^{m} b_{ik}\, y_i \; ; \quad k = 1,2 . \tag{20.8}$$

20.3 Unsicherheit der Eingangsdaten

Nach (20.3) trägt jede der Ordinaten denselben systematischen Fehler f_y. In Abschn. 15.2 hatten wir den Differenzvektor $\boldsymbol{f} - \boldsymbol{P}\boldsymbol{f}$ definiert. Der Intuition folgend, sollte es möglich sein, $\boldsymbol{f} - \boldsymbol{P}\boldsymbol{f} = \boldsymbol{0}$ zu zeigen. Dann würde die minimierte Summe der Residuenquadrate in (15.9) übergehen[1], d. h. in

$$Q = (\boldsymbol{x} - \boldsymbol{\mu})^{\mathrm{T}}(\boldsymbol{E} - \boldsymbol{P})(\boldsymbol{x} - \boldsymbol{\mu}) .$$

Bezeichne

$$\boldsymbol{f} = f_y \begin{pmatrix} 1 \\ \cdots \\ 1 \end{pmatrix}$$

den $m \times 1$-Vektor der systematischen Fehler. Sehen wir für einen Moment von zufälligen Fehlern ab. Dann entnehmen wir

$$\boldsymbol{A} \begin{pmatrix} \beta_{0,1} + f_y \\ \beta_{0,2} \end{pmatrix} = \begin{pmatrix} y_{0,1} \\ \cdots \\ y_{0,m} \end{pmatrix} + f_y \begin{pmatrix} 1 \\ \cdots \\ 1 \end{pmatrix}$$

die Aussage

$$\boldsymbol{A} \begin{pmatrix} f_y \\ 0 \end{pmatrix} = f_y \begin{pmatrix} 1 \\ \cdots \\ 1 \end{pmatrix} = \boldsymbol{f} .$$

Multiplizieren von links mit $\boldsymbol{P}$ führt auf

$$\boldsymbol{A} \begin{pmatrix} f_y \\ 0 \end{pmatrix} = \boldsymbol{P}\boldsymbol{f} ,$$

[1] Wir unterdrücken den *.

so dass

$$\boldsymbol{f} = \boldsymbol{P}\boldsymbol{f} \,. \tag{20.9}$$

Nach allem liefert die minimierte Summe der Residuenquadrate den Schätzer

$$s_y^2 = \frac{Q}{m-2} \tag{20.10}$$

für die unbekannte theoretische Varianz

$$E\left\{S_y^2\right\} = \sigma_y^2$$

der zufälligen Fehler der Eingangsdaten. Die empirische Varianz s_y^2 hat den Freiheitsgrad $\nu = m - 2$. Damit versetzt uns (6.23) in die Lage, die Erwartungswerte

$$E\{Y_i\} = \mu_{y_i} \; ; \quad i = 1, \ldots, m \tag{20.11}$$

mittels Student'scher Vertrauensintervalle

$$y_i - t_P\,(m-2)\,s_y \le \mu_{y_i} \le y_i + t_P\,(m-2)\,s_y \; ; \quad i = 1, \ldots, m$$

zu lokalisieren; P kennzeichnet das zugehörigen Vertrauensniveau. Nehmen wir den systematischen Fehler hinzu, so haben wir

$$y_i - u_{y_i} \le y_{0,i} \le y_i + u_{y_i}$$

$$u_{y_i} = t_P\,(m-2)\,s_y + f_{s,y} \; ; \quad i = 1, \ldots, m \,. \tag{20.12}$$

Dass wir im Nachhinein in der Lage sind, die wahren Werte $y_{0,i}$ der Ordinaten zu lokalisieren, ist Konsequenz der physikalischen Gegebenheit, die Messpunkte $(x_{0,i}, y_i)$; $i = 1, \ldots, m$ einer Geraden zuzuweisen zu können.

20.4 Unsicherheit der Komponenten des Lösungsvektors

Zufällige Fehler

Wir konstruieren zunächst die theoretische Varianz-Kovarianz Matrix des Kleinste-Quadrate-Schätzers $\bar{\boldsymbol{\beta}}$. Anschließend bilden wir die empirische Varianz-Kovarianz Matrix. Mit Hilfe der Erwartungswerte

$$E\{\bar{\beta}_1\} = \mu_{\bar{\beta}_1} = \sum_{i=1}^{m} b_{i1}\,\mu_{y_i} \,, \quad E\{\bar{\beta}_2\} = \mu_{\bar{\beta}_2} = \sum_{i=1}^{m} b_{i2}\,\mu_{y_i} \tag{20.13}$$

der Komponenten $\bar{\beta}_1, \bar{\beta}_2$ von $\bar{\boldsymbol{\beta}}$, finden wir die theoretischen Varianzen

$$\sigma_{\bar{\beta}_1}^2 = E\left\{\left(\bar{\beta}_1 - \mu_{\bar{\beta}_1}\right)^2\right\} = E\left\{\left[\sum_{i=1}^m b_{i1}\left(Y_i - \mu_{y_i}\right)\right]^2\right\} = \sigma_y^2 \sum_{i=1}^m b_{i1}^2\,,$$

$$\sigma_{\bar{\beta}_2}^2 = \sigma_y^2 \sum_{i=1}^m b_{i2}^2$$

und die theoretische Kovarianz

$$\sigma_{\bar{\beta}_1 \bar{\beta}_2} = \sigma_y^2 \sum_{i=1}^m b_{i1} b_{i2}\,.$$

Wir betrachten die

$$s_{\bar{\beta}_1}^2 = s_y^2 \sum_{i=1}^m b_{i1}^2\,, \quad s_{\bar{\beta}_1 \bar{\beta}_2} = s_y^2 \sum_{i=1}^m b_{i1} b_{i2}\,, \quad s_{\bar{\beta}_2}^2 = s_y^2 \sum_{i=1}^m b_{i2}^2$$

als empirische Gegenstücke. Dann ist die empirische Varianz-Kovarianz Matrix durch

$$s_{\bar{\beta}} = \begin{pmatrix} s_{\bar{\beta}_1 \bar{\beta}_1} & s_{\bar{\beta}_1 \bar{\beta}_2} \\ s_{\bar{\beta}_2 \bar{\beta}_1} & s_{\bar{\beta}_2 \bar{\beta}_2} \end{pmatrix}; \quad s_{\bar{\beta}_1 \bar{\beta}_1} \equiv s_{\bar{\beta}_1}^2\,, \quad s_{\bar{\beta}_2 \bar{\beta}_2} \equiv s_{\bar{\beta}_2}^2 \tag{20.14}$$

gegeben. Jedes ihrer Elemente hat den Freiheitsgrad $\nu = m - 2$.

Systematische Fehler

Der formalen Zerlegung

$$\bar{\beta}_k = \sum_{i=1}^m b_{ik}\left[y_{0,i} + (y_i - \mu_{y_i}) + f_y\right]; \quad k = 1, 2 \tag{20.15}$$

entnehmen wir die fortgepflanzten systematischen Fehler

$$f_{\bar{\beta}_k} = f_y \sum_{i=1}^m b_{ik}\,; \quad k = 1, 2$$

Die Summen

$$\sum_{i=1}^m b_{i1} = 1\,, \quad \sum_{i=1}^m b_{i2} = 0 \tag{20.16}$$

bestätigen

$$\begin{aligned} f_{\bar{\beta}_1} &= f_y \\ f_{\bar{\beta}_2} &= 0\,. \end{aligned} \tag{20.17}$$

Gesamtunsicherheiten

Die Aussagen (20.15) und (20.16) definieren die Erwartungswerte $\mu_{\bar{\beta}_1} = \beta_{0,1} + f_y$ und $\mu_{\bar{\beta}_2} = \beta_{0,2}$. Die zugehörigen Vertrauensintervalle sind

$$\bar{\beta}_1 - t_P(m-2)\, s_{\bar{\beta}_1} \le \mu_{\bar{\beta}_1} \le \bar{\beta}_1 + t_P(m-2)\, s_{\bar{\beta}_1}$$

$$\bar{\beta}_2 - t_P(m-2)\, s_{\bar{\beta}_2} \le \mu_{\bar{\beta}_2} \le \bar{\beta}_2 + t_P(m-2)\, s_{\bar{\beta}_2} \; .$$

Nach allem sollten die Gesamtunsicherheiten

$$u_{\bar{\beta}_1} = t_P(m-2)\, s_{\bar{\beta}_1} + f_{s,y} \; ; \quad u_{\bar{\beta}_2} = t_P(m-2)\, s_{\bar{\beta}_2} \tag{20.18}$$

der Forderung

$$\bar{\beta}_1 - u_{\bar{\beta}_1} \le \beta_{0,1} \le \bar{\beta}_1 + u_{\bar{\beta}_1} \; ; \quad \bar{\beta}_2 - u_{\bar{\beta}_2} \le \beta_{0,2} \le \bar{\beta}_2 + u_{\bar{\beta}_2}$$

genügen. Wie zu erwarten, verschiebt der unbekannte systematische Fehler die Ausgleichsgerade parallel zu sich selbst. Da die Verschiebung keinen Einfluss auf die Steigung nimmt, geht f_y nicht in $u_{\bar{\beta}_2}$ ein.

20.5 Unsicherheitsband

Zufällige Fehler

Einsetzen der formalen Zerlegung

$$\bar{\beta}_k = \sum_{i=1}^{m} b_{ik} y_i = \beta_{k,0} + \sum_{i=1}^{m} b_{ik}(y_i - \mu_{y_i}) + f_y \sum_{i=1}^{m} b_{ik} \; ; \quad k = 1, 2 \tag{20.19}$$

in die Ausgleichsgerade

$$y(x) = \bar{\beta}_1 + \bar{\beta}_2\, x$$

führt auf

$$y(x) = \beta_{0,1} + \beta_{0,2}\, x + \sum_{i=1}^{m} (b_{i1} + b_{i2} x)(y_i - \mu_{y_i}) + f_y \; . \tag{20.20}$$

Mittels des Erwartungswertes

$$E\{Y(x)\} = \mu_{y(x)} = \beta_{0,1} + \beta_{0,2}\, x + f_y$$

finden wir die x-abhängige theoretische Varianz

$$\sigma^2_{\bar{y}(x)} = E\{(Y(x) - \mu_{\bar{y}(x)})^2\} = \sigma^2_y \sum_{i=1}^{m} (b_{i1} + b_{i2}x)^2 \; ; \quad \sigma^2_y = E\left\{(Y_i - \mu_{y_i})^2\right\} .$$

Hiernach bringt

$$t_P(m-2)\, s_y \sqrt{\sum_{i=1}^{m} (b_{i1} + b_{i2}\, x)^2} \tag{20.21}$$

den auf zufällige Fehler zurückgehenden Unsicherheitsanteil zum Ausdruck.

Systematische Fehler

Die formale Zerlegung (20.20) liefert

$$f_{y(x)} = f_y \, . \tag{20.22}$$

Gesamtunsicherheit

Lineares Zusammenfügen von (20.21) mit der Worst-Case Abschätzung von (20.22) erzeugt das symmetrisch zur Ausgleichsgeraden

$$y(x) = \bar{\beta}_1 + \bar{\beta}_2\, x$$

liegende Unsicherheitsband

$$y(x) \pm u_{y(x)}$$

$$u_{y(x)} = t_P(m-2)\, s_y \sqrt{\sum_{i=1}^{m} (b_{i1} + b_{i2}\, x)^2} + f_{s,y} \, . \tag{20.23}$$

Seine Grenzlinien sollten die wahre Gerade (19.1),

$$y(x) = \beta_{0,1} + \beta_{0,2}\, x \, ,$$

lokalisieren. Jede beliebige, innerhalb des Unschärfebandes liegende Gerade ist mit den Eingangsdaten und dem Fehlermodell verträglich und könnte die wahre Gerade sein, Abb. 20.1.

20.6 *EP*-Bereich

Nehmen wir an, wir suchten eine Zusammenstellung aller seitens des Unschärfebandes (20.23) definierten 2-Tupel $(\bar{\beta}_1, \bar{\beta}_2)$. Im Prinzip könnten wir möglichst viele, die beiden Grenzlinien $y(x) \pm u_{y(x)}$ des Unschärfebandes tangierenden Geraden zeichnen, die sie jeweils definierenden Schätzer $(\bar{\beta}_1, \bar{\beta}_2)$ ablesen und als Paare geordnet in einem rechtwinkligen (β_1, β_2) Koordinatensystems auftragen.

Die so bestimmten $(\bar{\beta}_1, \bar{\beta}_2)$-Paare liegen auf einer geschlossenen Kurve. Das wahre Parameter-Paar $(\beta_{0,1}, \beta_{0,2})$ liegt im Inneren der Kurve oder auf ihr selbst. Im Allgemeinen setzt sich die Kurve aus Teilstücken einer *E*llipse und den Seiten eines *P*olygons zusammen. Aus dieser Sicht nenne ich die Kurve *EP*-Rand und ihr Inneres *EP*-Bereich, [10, 23–25].

Konfidenz-Ellipse

Einsetzen von

$$\mu_{\bar{\beta}_1} = \beta_{0,1} + f_y \; , \quad \mu_{\bar{\beta}_2} = \beta_{0,2} \tag{20.24}$$

in

$$\bar{\beta}_k = \sum_{i=1}^{m} b_{ik} \left[y_{0,i} + (y_i - \mu_{y_i}) + f_y \right] ; \quad k = 1,2$$

zeigt

$$\bar{\beta}_k = \mu_{\bar{\beta}_k} + \sum_{i=1}^{m} b_{ik} (y_i - \mu_{y_i}) ; \quad k = 1,2 \, .$$

Die in Anhang C auf heuristischer Basis entwickelten Überlegungen verknüpfen die Differenzen $\bar{\beta}_1 - \mu_{\bar{\beta}_1}$ und $\bar{\beta}_2 - \mu_{\bar{\beta}_2}$ über die Hotelling'sche Ellipse

$$\begin{aligned} & s_{\bar{\beta}_2\bar{\beta}_2}(\bar{\beta}_1 - \mu_{\bar{\beta}_1})^2 - 2s_{\bar{\beta}_1\bar{\beta}_2}(\bar{\beta}_1 - \mu_{\bar{\beta}_1})(\bar{\beta}_2 - \mu_{\bar{\beta}_2}) + s_{\bar{\beta}_1\bar{\beta}_1}(\bar{\beta}_2 - \mu_{\bar{\beta}_2})^2 \\ & \quad = t^2(2, m-2) \, | \, \boldsymbol{s}_{\bar{\boldsymbol{\beta}}} \, | \, . \end{aligned}$$

Da die Koordinaten $\mu_{\bar{\beta}_1}$ und $\mu_{\bar{\beta}_2}$ unbekannt sind, zentrieren wir die Ellipse im Punkte $\bar{\beta}_1, \bar{\beta}_2$ und ersetzen $\mu_{\bar{\beta}_1}$ und $\mu_{\bar{\beta}_2}$ durch Hilfsgrößen β_1 und β_2. Die so definierte *Konfidenz-Ellipse*

$$\begin{aligned} & s_{\bar{\beta}_2\bar{\beta}_2}(\beta_1 - \bar{\beta}_1)^2 - 2s_{\bar{\beta}_1\bar{\beta}_2}(\beta_1 - \bar{\beta}_1)(\beta_2 - \bar{\beta}_2) + s_{\bar{\beta}_1\bar{\beta}_1}(\beta_2 - \bar{\beta}_2)^2 \\ & \quad = t_P^2(2, m-2) \, | \, \boldsymbol{s}_{\bar{\boldsymbol{\beta}}} \, | \end{aligned} \tag{20.25}$$

lokalisiert den Punkt

$$\boldsymbol{\mu}_{\bar{\boldsymbol{\beta}}} = \begin{pmatrix} \mu_{\bar{\beta}_1} \\ \mu_{\bar{\beta}_2} \end{pmatrix} \tag{20.26}$$

mit Wahrscheinlichkeit P. Der Punkt $\boldsymbol{\mu}_{\bar{\boldsymbol{\beta}}}$ kann im Innern oder auf dem Rand der Ellipse liegen.

Systematischer Fehler

Unterstellen wir, der Punkt $\boldsymbol{\mu}_{\bar{\boldsymbol{\beta}}}$ läge auf dem Rande der Konfindenz-Ellipse. Zwischen den Koordinaten des in Frage stehenden Punktes

$$\boldsymbol{\beta}_0 = \begin{pmatrix} \beta_{0,1} \\ \beta_{0,2} \end{pmatrix} \tag{20.27}$$

und denen des Punktes $\boldsymbol{\mu}_{\bar{\boldsymbol{\beta}}}$ bestehen nach Aussage von (20.24) die Beziehungen

$$\beta_{0,1} = \mu_{\bar{\beta}_1} - f_y \ , \quad \beta_{0,2} = \mu_{\bar{\beta}_2} \ ,$$

wobei

$$-f_{s,y} \le f_y \le f_{s,y} \ . \tag{20.28}$$

Aus Gründen der Anschaulichkeit deuten wir das Intervall (20.28) als „Stock" der Länge $2f_{s,y}$.

Das oben angesprochene Polygon wird von den fortgepflanzten systematischen Fehler $f_{\bar{\beta}_1}$ und $f_{\bar{\beta}_2}$ aufgespannt. Wie (20.17),

$$\begin{aligned} f_{\bar{\beta}_1} &= f_y \\ f_{\bar{\beta}_2} &= 0 \ , \end{aligned}$$

zeigt, entartet es im vorliegenden Fall zum Intervall (20.28).

Zusammenfügen von Konfidenz-Ellipse und Intervall $2f_{s,y}$

Jeder Punkt der Konfidenz-Ellipse (20.25) kann der in (20.26) definierte Punkt $\boldsymbol{\mu}_{\bar{\boldsymbol{\beta}}}$ sein. Zwar kann letzterer auch im Innern der Ellipse liegen, indessen konzentrieren wir uns auf den ungünstigsten Fall, auf die Ellipse selbst. Die Punkte $\boldsymbol{\mu}_{\bar{\boldsymbol{\beta}}}$ und $\boldsymbol{\beta}_0$ unterscheiden sich. Wir legen die Mitte besagten „Stockes" der Länge $2f_{s,y}$ auf die Ellipse, ihn dabei horizontal, d. h. parallel zur β_1-Achse haltend. Diese Lage behalten wir bei, wenn wir ihn jetzt längs der Ellipse verschieben. In zwei Punkten stimmt der „Stock" mit der lokalen Tangente der Ellipse überein. In diesen beiden Punkten trennen wir die Ellipse auf und schieben den linken Bogen nach nach links und den rechten nach rechts. In die sich zwischen den Teilbögen öffnende Lücke fügen wir den „Stock" selbst ein. Der Punkt $\boldsymbol{\beta}_0$ sollte im Innern oder auf der Randlinie des *EP*-Bereiches liegen.

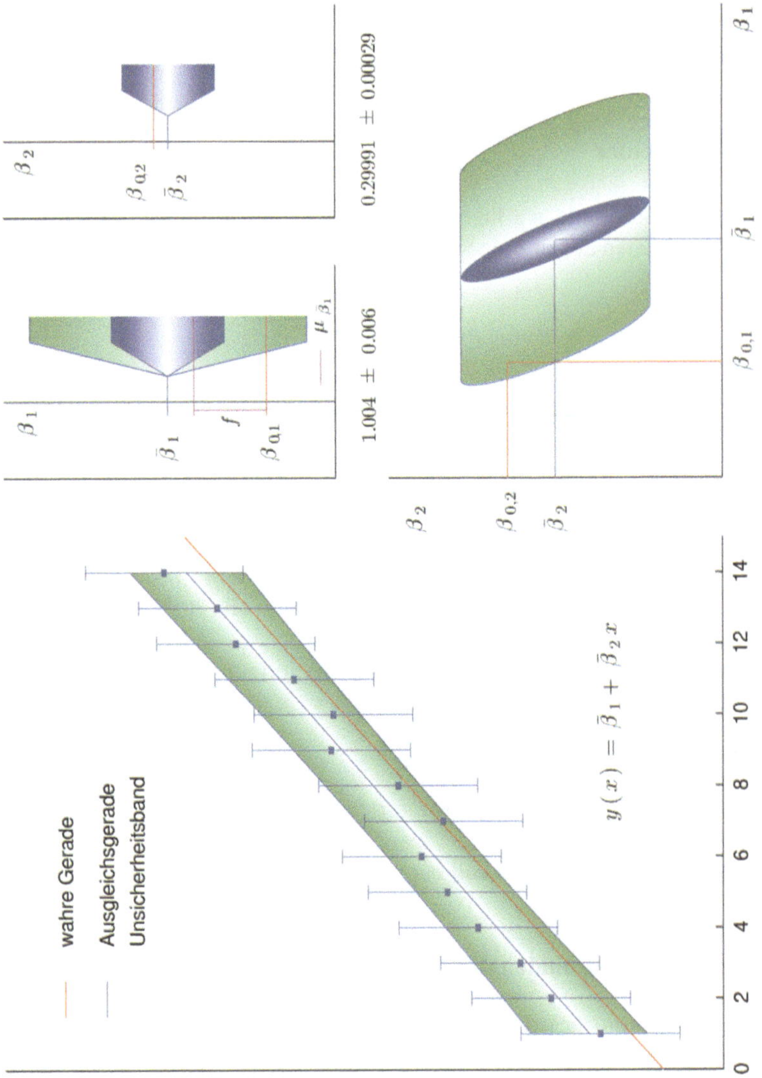

Abb. 20.1 Anpassen von Geraden, Fall 1. *Links*: Ausgleichsgerade, wahre Gerade und Unschärfeband. *Oben rechts*: Lokalisierung der wahren Werte $\beta_{0,1}$ und $\beta_{0,2}$. *Unten rechts*: *EP*-Bereich, Lokalisierung des Paares $(\beta_{0,1}, \beta_{0,2})$

Beispiel

Abbildung 20.1 stützt sich auf simulierte Messdaten. Sie zeigt die wahre Gerade (19.1), die Ausgleichsgerade (20.5), die Unsicherheiten (20.18) der Schätzer $\bar{\beta}_1, \bar{\beta}_2$, das Unschärfeband (20.23) und den soeben definierten *EP*-Bereich.

Die graphischen Darstellungen machen von Skalentransformationen Gebrauch, Anhang D – das Auge könnte andernfalls die Details nicht aufzulösen.

21 Anpassen von Geraden: Fall (ii)

Fall (ii), Tabelle 19.1 geht von korrekten Abszissen und fehlerhaften Ordinaten aus: Jede Ordinate ist n-mal gemessen worden, die Streubreiten der zufälligen Fehler ändern sich von Ordinate zu Ordinate, jeder Ordinate ist ein anderer systematischer Fehler überlagert.

21.1 Voraussetzungen

Gegeben seien $m > 2$ Datenpaare

$$(x_{0,1}, \bar{y}_1), \quad (x_{0,2}, \bar{y}_2), \quad \dots \quad (x_{0,m}, \bar{y}_m). \tag{21.1}$$

Die Abszissen $x_{0,i}$; $i = 1, \dots, m$ seien korrekt, die Ordinaten arithmetische Mittel aus jeweils n Wiederholungsmessungen,

$$\bar{y}_i = \frac{1}{n}\sum_{l=1}^{n} y_{il} = y_{0,i} + (\bar{y}_i - \mu_{\bar{y}_i}) + f_{\bar{y}_i}\ ; \quad i = 1, \dots, m$$

$$\mu_{\bar{y}_i} = E\{\bar{Y}_i\}\ ; \quad -f_{s,\bar{y}_i} \le f_{\bar{y}_i} \le f_{s,\bar{y}_i}\ . \tag{21.2}$$

Die empirischen Varianzen der Ordinaten

$$s_{\bar{y}_i}^2 = \frac{1}{n-1}\sum_{l=1}^{n}(y_{il} - \bar{y}_i)^2\ ; \quad i = 1, \dots, m$$

und die Intervalle $\pm f_{s,\bar{y}_i}$ der systematischen Fehler spezifizieren die Unsicherheiten $u_{\bar{y}_i}$ der Eingangsdaten,

$$\bar{y}_i \pm u_{\bar{y}_i}\ , \quad u_{\bar{y}_i} = \frac{t_P(n-1)}{\sqrt{n}} s_{\bar{y}_i} + f_{s,\bar{y}_i}\ ; \quad i = 1, \dots, m\ .$$

M. Grabe, *Grundriss der generalisierten Gauß'schen Fehlerrechnung*.
DOI 10.1007/978-3-642-17822-1, © Springer 2011

Die Intervalle

$$\bar{y}_i - u_{\bar{y}_i} \le y_{0,i} \le \bar{y}_i + u_{\bar{y}_i} \ ; \quad i = 1, \ldots, m \ .$$

sollen die wahren Werte $y_{0,i}$ der Ordinaten lokalisieren.

21.2 Orthogonale Projektion

Stellen wir das in sich widersprüchliche, überbestimmte lineare System

$$\beta_1 + \beta_2 x_{0,i} \approx \bar{y}_i \ ; \quad i = 1, \ldots, m > 2 \tag{21.3}$$

in Matrizen dar,

$$\boldsymbol{A\beta} \approx \bar{\boldsymbol{y}} \ .$$

Es bezeichnen

$$\boldsymbol{A} = \begin{pmatrix} 1 & x_{0,1} \\ 1 & x_{0,2} \\ \cdots & \cdots \\ 1 & x_{0,m} \end{pmatrix} , \quad \boldsymbol{\beta} = \begin{pmatrix} \beta_1 \\ \beta_2 \end{pmatrix} , \quad \bar{\boldsymbol{y}} = \begin{pmatrix} \bar{y}_1 \\ \bar{y}_2 \\ \cdots \\ \bar{y}_m \end{pmatrix} .$$

Die orthogonale Projektion des Vektors der Beobachtungen in den Spaltenraum der Matrix $\boldsymbol{A}$ erzeugt den Kleinste-Quadrate-Schätzer

$$\bar{\boldsymbol{\beta}} = \boldsymbol{B}^{\mathrm{T}} \bar{\boldsymbol{y}} \ . \tag{21.4}$$

Mit

$$\boldsymbol{B} = \boldsymbol{A} \left(\boldsymbol{A}^{\mathrm{T}} \boldsymbol{A} \right)^{-1} = (b_{ik}) \ ; \quad i = 1, \ldots, m \ ; \quad k = 1, 2$$

haben wir

$$\bar{\beta}_k = \sum_{i=1}^{m} b_{ik} \bar{y}_i \ ; \quad k = 1, 2 \ . \tag{21.5}$$

Die Komponenten des Vektors $\bar{\boldsymbol{\beta}}$ legen die Ausgleichsgerade

$$y(x) = \bar{\beta}_1 + \bar{\beta}_2 x \tag{21.6}$$

fest.

21.3 Unsicherheit der Komponenten des Lösungsvektors

Zufällige Fehler

Einsetzen der Mittel

$$\bar{y}_i = \frac{1}{n}\sum_{l=1}^{n} y_{il}\ ; \quad i = 1,\ldots,m$$

in (21.5) zeigt

$$\bar{\beta}_k = \sum_{i=1}^{m} b_{ik}\left[\frac{1}{n}\sum_{l=1}^{n} y_{il}\right] = \frac{1}{n}\sum_{l=1}^{n}\left[\sum_{i=1}^{m} b_{ik} y_{il}\right] \tag{21.7}$$

$$= \frac{1}{n}\sum_{l=1}^{n}\bar{\beta}_{kl}\ ;\ k = 1,2\ ; \quad \bar{\beta}_{kl} = \sum_{i=1}^{m} b_{ik}\, y_{il}\ ;\ l = 1,\ldots,n\,.$$

Die $\bar{\beta}_k$ sind die Mittel der $\bar{\beta}_{kl}$. Folglich produzieren die Differenzen

$$\bar{\beta}_{kl} - \bar{\beta}_k = \sum_{i=1}^{m} b_{ik}\,(y_{il} - \bar{y}_i)$$

die Elemente

$$s_{\bar{\beta}_k\bar{\beta}_{k'}} = \frac{1}{n-1}\sum_{l=1}^{n}\left(\bar{\beta}_{kl} - \bar{\beta}_k\right)\left(\bar{\beta}_{k'l} - \bar{\beta}_{k'}\right)$$

$$= \frac{1}{n-1}\sum_{l=1}^{n}\left[\sum_{i=1}^{m} b_{ik}\,(y_{il} - \bar{y}_i)\right]\left[\sum_{j=1}^{m} b_{jk'}\left(y_{jl} - \bar{y}_j\right)\right]$$

$$= \sum_{i,j=1}^{m} b_{ik}\, b_{jk'}\, s_{ij}\ ; \quad k,k' = 1,2$$

der empirischen Varianz-Kovarianz Matrix des Lösungsvektors. Die

$$s_{ij} = \frac{1}{n-1}\sum_{l=1}^{n}(y_{il} - \bar{y}_i)(y_{jl} - \bar{y}_j)\ ; \quad i,j = 1,\ldots,m$$

sind die Elemente der empirischen Varianz-Kovarianz Matrix

$$s = (s_{ij})\ ; \quad i,j = 1,\ldots,m \tag{21.8}$$

der Eingangsdaten; jedes der s_{ij} hat den Freiheitsgrad $\nu = n - 1$. Nach allem haben wir

$$s_{\bar{\beta}} = \begin{pmatrix} s_{\bar{\beta}_1\bar{\beta}_1} & s_{\bar{\beta}_1\bar{\beta}_2} \\ s_{\bar{\beta}_2\bar{\beta}_1} & s_{\bar{\beta}_2\bar{\beta}_2} \end{pmatrix} = \boldsymbol{B}^T \boldsymbol{s}\, \boldsymbol{B}\ , \quad s_{\bar{\beta}_k\bar{\beta}_k} \equiv s^2_{\bar{\beta}_k}\ . \tag{21.9}$$

Systematische Fehler

Die formale Zerlegung

$$\bar{\beta}_k = \sum_{i=1}^{m} b_{ik} \left[y_{0,i} + \left(\bar{y}_i - \mu_{\bar{y}_i} \right) + f_{\bar{y}_i} \right]; \quad k = 1, 2 \tag{21.10}$$

zeigt die fortgepflanzten systematischen Fehler

$$f_{\bar{\beta}_k} = \sum_{i=1}^{m} b_{ik} f_{\bar{y}_i}\ ; \quad k = 1, 2\ . \tag{21.11}$$

Die Worst-Case Abschätzungen sind

$$f_{s,\bar{\beta}_k} = \sum_{i=1}^{m} |\ b_{ik}\ |\ f_{s,\bar{y}_i}\ ; \quad k = 1, 2\ . \tag{21.12}$$

Der Sonderfall gleicher $f_{\bar{y}_i}$ und gleicher $f_{s,\bar{y}_i}$,

$$\begin{aligned} f_{\bar{y}_i} = f_y\ , \quad f_{s,\bar{y}_i} = f_{s,y}\ ; \quad i = 1, \dots m \\ -f_{s,y} \le f_y \le f_{s,y}\ , \end{aligned} \tag{21.13}$$

reduziert die $f_{\bar{\beta}_k}$ wegen (20.16) auf

$$\begin{aligned} f_{\bar{\beta}_1} &= f_y \\ f_{\bar{\beta}_2} &= 0\ . \end{aligned}$$

Gesamtunsicherheiten

Lokalisieren wir zunächst die Erwartungswerte

$$\begin{aligned} E\{\bar{\beta}_1\} &= \mu_{\bar{\beta}_1} = \beta_{0,1} + f_{\bar{\beta}_1} \\ E\{\bar{\beta}_2\} &= \mu_{\bar{\beta}_2} = \beta_{0,2} + f_{\bar{\beta}_2} \end{aligned} \tag{21.14}$$

mittels der Konfidenzintervalle

$$\bar{\beta}_1 - \frac{t_P(n-1)}{\sqrt{n}}\, s_{\bar{\beta}_1} \le \mu_{\bar{\beta}_1} \le \bar{\beta}_1 + \frac{t_P(n-1)}{\sqrt{n}}\, s_{\bar{\beta}_1}$$

$$\bar{\beta}_2 - \frac{t_P(n-1)}{\sqrt{n}}\, s_{\bar{\beta}_2} \le \mu_{\bar{\beta}_2} \le \bar{\beta}_2 + \frac{t_P(n-1)}{\sqrt{n}}\, s_{\bar{\beta}_2} \,.$$

Dann sind die Gesamtunsicherheiten durch

$$u_{\bar{\beta}_1} = \frac{t_P(n-1)}{\sqrt{n}}\, s_{\bar{\beta}_1} + f_{s,\bar{\beta}_1}$$

$$u_{\bar{\beta}_2} = \frac{t_P(n-1)}{\sqrt{n}}\, s_{\bar{\beta}_2} + f_{s,\bar{\beta}_2} \tag{21.15}$$

gegeben. Im Sonderfall gleicher systematischer Fehler haben wir

$$u_{\bar{\beta}_1} = \frac{t_P(n-1)}{\sqrt{n}}\, s_{\bar{\beta}_1} + f_{s,y}$$

$$u_{\bar{\beta}_2} = \frac{t_P(n-1)}{\sqrt{n}}\, s_{\bar{\beta}_2} \,. \tag{21.16}$$

Nach allem notieren wir

$$\bar{\beta}_1 - u_{\bar{\beta}_1} \le \beta_{0,1} \le \bar{\beta}_1 + u_{\bar{\beta}_1} \,; \quad \bar{\beta}_2 - u_{\bar{\beta}_2} \le \beta_{0,2} \le \bar{\beta}_2 + u_{\bar{\beta}_2} \,.$$

21.4 Unsicherheitsband

Zufällige Fehler

Die in (21.7) eingeführten $\bar{\beta}_{kl}$ definieren ein Ensemble von n Ausgleichsgeraden,

$$y_l(x) = \bar{\beta}_{1l} + \bar{\beta}_{2l}\, x \,; \quad l = 1, \ldots, n \,.$$

Summieren über l und dividieren durch n führt zurück zur Ausgleichsgeraden (21.6),

$$y(x) = \frac{1}{n} \sum_{l=1}^{n} y_l(x) = \bar{\beta}_1 + \bar{\beta}_2\, x \,.$$

Mit

$$\bar{\beta}_{kl} - \bar{\beta}_k = \sum_{l=1}^{m} b_{ik}\, (y_{il} - \bar{y}_i)$$

haben wir

$$y_l(x) - y(x) = (\bar{\beta}_{1l} - \bar{\beta}_1) + (\bar{\beta}_{2l} - \bar{\beta}_2)\, x$$
$$= \sum_{i=1}^{m} (b_{i1} + b_{i2}\, x)(y_{il} - \bar{y}_i)\,.$$

Bilden wir bei festem x die empirische Varianz

$$s_{y(x)}^2 = \frac{1}{n-1} \sum_{l=1}^{n} (y_l(x) - y(x))^2\,.$$

Mittels des Hilfsvektors

$$\boldsymbol{b} = [\,(b_{11} + b_{12}x) \quad (b_{21} + b_{22}x) \quad \ldots \quad (b_{m1} + b_{m2}x)\,]^{\mathrm{T}}$$

und der in (21.8) definierten empirischen Varianz-Kovarianz Matrix $\boldsymbol{s}$ der Eingangsdaten finden wir

$$s_{y(x)}^2 = \boldsymbol{b}^{\mathrm{T}} \boldsymbol{s}\, \boldsymbol{b}\,. \tag{21.17}$$

Hinzufügen des Student-Faktors erzeugt die auf zufällige Fehler zurückgehende Unsicherheitskomponente

$$\frac{t_P(n-1)}{\sqrt{n}}\, s_{y(x)}\,. \tag{21.18}$$

Systematische Fehler

Einsetzen von

$$\bar{\beta}_k = \beta_{0,k} + \sum_{i=1}^{m} b_{ik}(\bar{y}_i - \mu_{\bar{y}_i}) + \sum_{i=1}^{m} b_{ik} f_{\bar{y}_i}\,; \quad k = 1, 2 \tag{21.19}$$

in

$$y(x) = \bar{\beta}_1 + \bar{\beta}_2\, x$$

zeigt

$$y(x) = \beta_{0,1} + \beta_{0,2}\, x$$
$$+ \sum_{i=1}^{m} (b_{i1} + b_{i2}x)(\bar{y}_i - \mu_{\bar{y}_i})$$
$$+ \sum_{i=1}^{m} (b_{i1} + b_{i2}x) f_{\bar{y}_i}\,. \tag{21.20}$$

Die Worst-Case Abschätzung des fortgepflanzten systematischen Fehlers

$$f_{y(x)} = \sum_{i=1}^{m} (b_{i1} + b_{i2}x) f_{\bar{y}_i}$$

ist

$$f_{s,y(x)} = \sum_{i=1}^{m} \mid b_{i1} + b_{i2}x \mid f_{s,\bar{y}_i} \ . \tag{21.21}$$

Im Falle gleicher systematischer Fehler, (21.13), reduziert sich (21.21) wegen (20.16) auf

$$f_{y(x)} = f_{s,y} \ . \tag{21.22}$$

Gesamtunsicherheit

Lineares Zusammenfügen von (21.18) und (21.21) erzeugt das symmetrisch zur Ausgleichsgeraden

$$y(x) = \bar{\beta}_1 + \bar{\beta}_2 \, x$$

liegende Unsicherheitsband

$$y(x) \pm u_{y(x)}$$

$$u_{y(x)} = \frac{t_P(n-1)}{\sqrt{n}} s_{y(x)} + \sum_{i=1}^{m} \mid b_{i1} + b_{i2}x \mid f_{s,\bar{y}_i} \ . \tag{21.23}$$

Im Falle gleicher systematischer Fehler sind (21.18) und (21.22) zu addieren,

$$y(x) \pm u_{y(x)}$$

$$u_{y(x)} = \frac{t_P(n-1)}{\sqrt{n}} s_{y(x)} + f_{s,y} \ . \tag{21.24}$$

Die Grenzlinien $y(x) \pm u_{y(x)}$ sollten die wahre Gerade

$$y(x) = \beta_{0,1} + \beta_{0,2} \, x$$

lokalisieren. Jede beliebige, innerhalb des Unschärfebandes liegende Gerade ist mit den Eingangsdaten und dem Fehlermodell verträglich und könnte die wahre Gerade sein, Abb. 21.1 und Abb. 21.2.

21.5 *EP*-Bereich

Der *EP*-Bereich soll das 2-Tupel $(\beta_{0,1}, \beta_{0,2})$ der wahren Werte in Relation zu den Schätzern $(\bar{\beta}_1, \bar{\beta}_2)$ lokalisieren.

Konfidenz-Ellipse

Nach (21.10) haben wir

$$\bar{\beta}_k = \sum_{i=1}^{m} b_{ik} \left[y_{0,i} + \left(\bar{y}_i - \mu_{\bar{y}_i}\right) + f_{\bar{y}_i} \right] ; \quad k = 1,2$$
$$= \mu_{\bar{\beta}_k} + \sum_{i=1}^{m} b_{ik} \left(\bar{y}_i - \mu_{\bar{y}_i}\right) , \quad \mu_{\bar{\beta}_k} = \beta_{0,k} + \sum_{i=1}^{m} b_{ik}\, f_{\bar{y}_i} \,. \tag{21.25}$$

Die Konfidenz-Ellipse (6.25) verknüpft die Differenzen $\bar{\beta}_k - \mu_{\bar{\beta}_k}$; $k = 1,2$. Wir haben

$$s_{\bar{\beta}_2\bar{\beta}_2}\left(\bar{\beta}_1 - \mu_{\bar{\beta}_1}\right)^2 - 2 s_{\bar{\beta}_1\bar{\beta}_2}\left(\bar{\beta}_1 - \mu_{\bar{\beta}_1}\right)\left(\bar{\beta}_2 - \mu_{\bar{\beta}_2}\right) + s_{\bar{\beta}_1\bar{\beta}_1}\left(\bar{\beta}_2 - \mu_{\bar{\beta}_2}\right)^2$$
$$= |\, \boldsymbol{s}_{\bar{\boldsymbol{\beta}}} \,| \, \frac{t_P^2(2, n-1)}{n} \,.$$

Die Varianz-Kovarianz Matrix $\boldsymbol{s}_{\bar{\boldsymbol{\beta}}} = \boldsymbol{B}^T \boldsymbol{s}\, \boldsymbol{B}$ findet sich in (21.9). Da die Parameter $\mu_{\bar{\beta}_1}, \mu_{\bar{\beta}_2}$ unbekannt sind, zentrieren wir die Ellipse im Punkt $\bar{\beta}_1, \bar{\beta}_2$ und ersetzen die $\mu_{\bar{\beta}_1}, \mu_{\bar{\beta}_2}$ durch Hilfsvariable β_1, β_2. Damit geht die Hotelling'sche Ellipse in die Konfidenz-Ellipse

$$s_{\bar{\beta}_2\bar{\beta}_2}\left(\beta_1 - \bar{\beta}_1\right)^2 - 2 s_{\bar{\beta}_1\bar{\beta}_2}\left(\beta_1 - \bar{\beta}_1\right)\left(\beta_2 - \bar{\beta}_2\right) + s_{\bar{\beta}_1\bar{\beta}_1}\left(\beta_2 - \bar{\beta}_2\right)^2$$
$$= |\, \boldsymbol{s}_{\bar{\boldsymbol{\beta}}} \,| \, \frac{t_P^2(2, n-1)}{n} \tag{21.26}$$

über; in Matrixform

$$(\bar{\boldsymbol{\beta}} - \boldsymbol{\mu}_{\bar{\boldsymbol{\beta}}})^{\mathrm{T}} s_{\bar{\boldsymbol{\beta}}}^{-1} (\bar{\boldsymbol{\beta}} - \boldsymbol{\mu}_{\bar{\boldsymbol{\beta}}}) = \frac{t_P^2(2, n-1)}{n} \,.$$

Die Konfidenz-Ellipse lokalisiert den Punkt

$$\boldsymbol{\mu}_{\bar{\boldsymbol{\beta}}} = \begin{pmatrix} \mu_{\bar{\beta}_1} \\ \mu_{\bar{\beta}_2} \end{pmatrix} \tag{21.27}$$

mit Wahrscheinlichkeit P.

Sekuritäts-Polygon

Wir interpretieren die in (21.2) definierten m Intervalle $-f_{s,\bar{y}_i} \le f_{\bar{y}_i} \le f_{s,\bar{y}_i}$; $i = 1, \ldots, m$ als m-dimensionalen Hyperquader. Letzterer wird seitens der in (21.11) definierten fortgepflanzten systematischen Fehler

$$f_{\bar{\beta}_k} = \sum_{i=1}^{m} b_{ik} f_{\bar{y}_i}\,, \quad k = 1,2\,; \quad -f_{s,\bar{y}_i} \le f_{\bar{y}_i} \le f_{s,\bar{y}_i}\,, i = 1, \ldots, m \quad (21.28)$$

in den 2-dimensionalen Raum, d. h. in die Ebene abgebildet. Wie in [24] gezeigt, erzeugt die lineare Abbildung ein konvexes, punktsymmetrisches Polygon, eingeschlossen von einem Rechteck der Seitenlängen

$$-f_{s,\bar{\beta}_k} \le f_{\bar{\beta}_k} \le f_{s,\bar{\beta}_k}\,, \quad f_{s,\bar{\beta}_k} = \sum_{i=1}^{m} |\, b_{ik} \,|\, f_{s,\bar{y}_i}\,; \quad k = 1,2\,.$$

Der sprachlichen Konsistenz halber habe ich die Pendants „Ellipse und Konfidenz-Ellipse“ sinngemäß auf das der Fehlerrechnung bisher unbekannte geometrische Objekt (21.28) übertragen, [10, 23]. In diesem Sinne spreche ich von „Polygon und Sekuritäts-Polygon“.

Im Falle gleicher systematischer Fehler $f_{\bar{y}_i} = f_y$; $f_{s,\bar{y}_i} = f_{s,y}$; $i = 1, \ldots, m$ entartet das Sekuritäts-Polygon zu einem Intervall der Länge $f_{s,y}$,

$$-f_{s,y} \le f_{\bar{\beta}_1} \le f_{s,y}$$
$$f_{\bar{\beta}_2} = 0\,.$$

Der Anschaulichkeit halber interpretieren wir es als „Stock“ der Länge $2f_{s,y}$.

Zusammensetzen von Konfidenz-Ellipse und Sekuritäts-Polygon

Legen wir den Betrachtungen ein rechtwinkliges (β_1, β_2)-Koordinatensystem zugrunde. Jeder Punkt der in $(\bar{\beta}_1, \bar{\beta}_2)$ zentrierten Ellipse (21.26) könnte mit dem in (21.27) notierten Punkt $\boldsymbol{\mu}_{\bar{\boldsymbol{\beta}}}$ übereinstimmen. Indessen sind wir am Punkt

$$\boldsymbol{\beta}_0 = \begin{pmatrix} \beta_{0,1} \\ \beta_{0,2} \end{pmatrix} \quad (21.29)$$

interessiert, wobei nach (21.25)

$$\mu_{\bar{\beta}_k} = \beta_{0,k} + f_{\bar{\beta}_k}\,; \quad k = 1,2$$

gilt. Also bewegen wir das Zentrum des Sekuritätspolygons in hinreichend kleinen Schritten längs der Ellipse, seine Orientierung dabei konstant haltend. In jedem Haltepunkt zeichnen wir eine Tangente an die Ellipse und verschieben sie parallel zu sich selbst nach „außen“, d. h. von der Ellipse weg, bis sie entweder einen Eckpunkt oder eine Seite des Polygons trifft. Im ersteren Falle finden wir einen Punkt, im letzteren ein Segment des in Frage stehenden *EP*-Randes.

Der *EP*-Rand setzt sich nach allem aus den Segmenten der Konfidenz-Ellipse und den Seiten des Sekuritätspolygons zusammen. Die Randlinie ist konvex, überall stetig und differenzierbar – in gewisser Weise einer konvexen Kartoffelscheibe ähnelnd.

Wir unterstellen, der *EP*-Rand lokalisiere den Punkt $\boldsymbol{\beta}_0$, [10, 23, 24].

Beispiele

Abbildung 21.1 stützt sich auf simulierte Messdaten. Sie zeigt die wahre Gerade (19.1), die Ausgleichsgerade (21.6), die Unsicherheiten (21.15) der Schätzer $\bar{\beta}_1, \bar{\beta}_2$, das Unschärfeband (21.23) und schließlich den das wahre 2-Tupel $(\beta_{0,1}, \beta_{0,2})$ lokalisierenden *EP*-Bereich.

Abbildung 21.2 unterstellt gleiche systematischer Fehler. Dargestellt sind die wahre Gerade (19.1), die Ausgleichsgerade (21.6), die Unsicherheiten (21.16) der Schätzer $\bar{\beta}_1, \bar{\beta}_2$, das Unsicherheitsband (21.24) und den das wahre 2-Tupel $(\beta_{0,1}, \beta_{0,2})$ lokalisierenden *EP*-Bereich.

Beide Graphiken machen von Skalentransformationen Gebrauch, Anhang D.

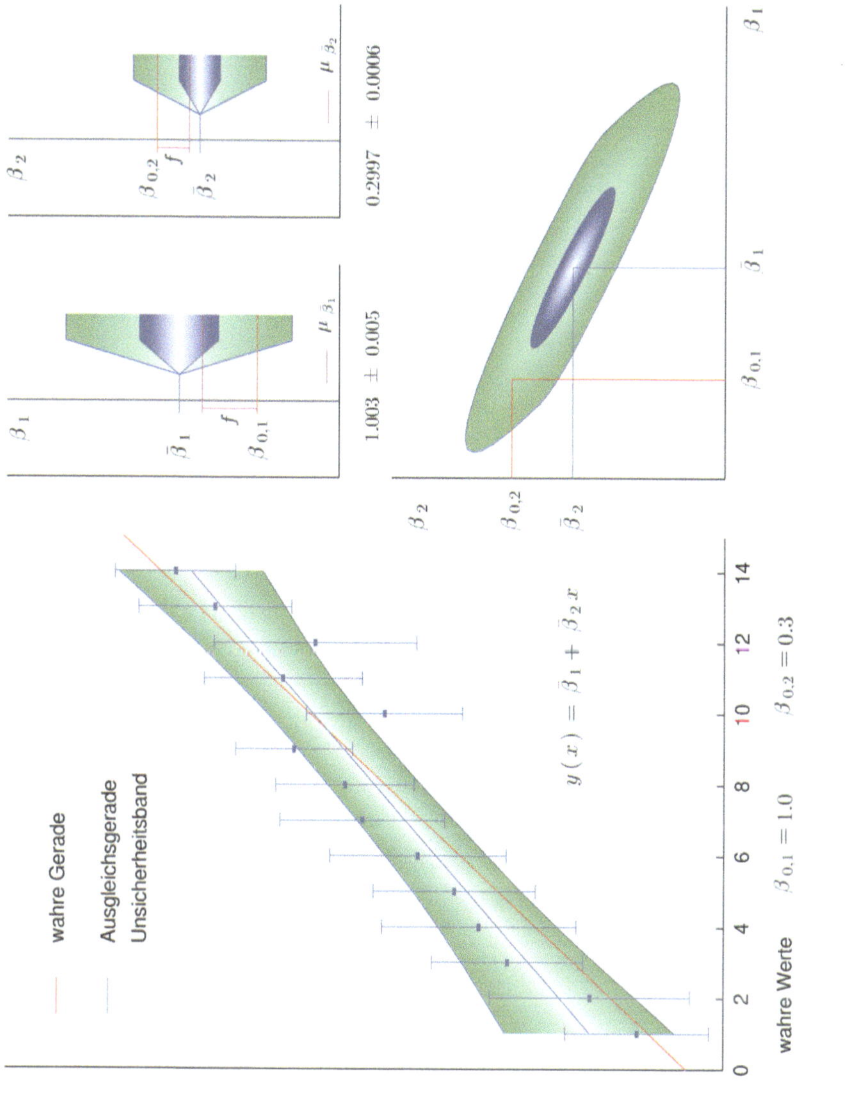

Abb. 21.1 Anpassen von Geraden, Fall 2. *Links*: Ausgleichsgerade, wahre Gerade und Unschärfeband. *Oben rechts*: Lokalisierung der wahren Werte $\beta_{0,1}$ und $\beta_{0,2}$. *Unten rechts*: *EP*-Bereich, Lokalisierung des 2-Tupels $(\beta_{0,1}, \beta_{0,2})$

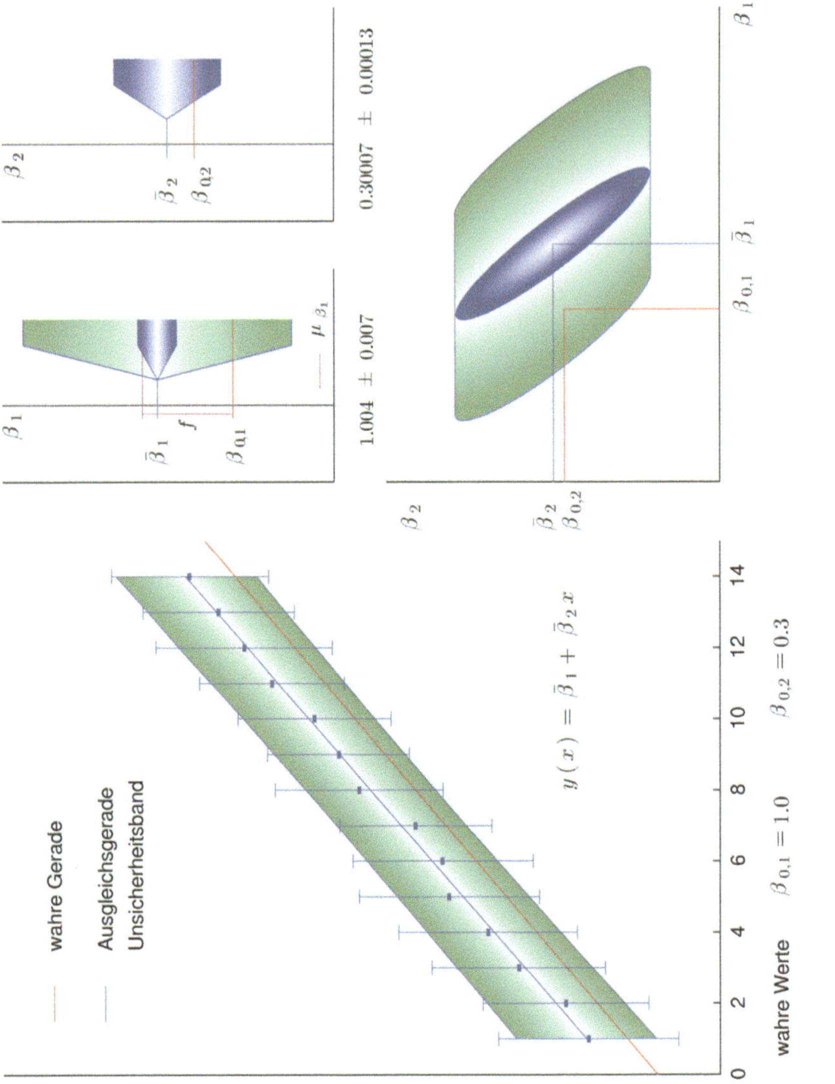

Abb. 21.2 Anpassen von Geraden, Fall 2, gleiche systematische Fehler. *Links*: Ausgleichsgerade, wahre Gerade und Unschärfeband. *Oben rechts*: Lokalisierung der wahren Werte $\beta_{0,1}$ und $\beta_{0,2}$. *Unten rechts*: *EP*-Bereich, Lokalisierung des 2-Tupels $(\beta_{0,1}, \beta_{0,2})$

22 Anpassen von Geraden: Fall (iii)

Fall (iii), Tabelle 19.1 unterstellt fehlerhafte Abszissen und fehlerhafte Ordinaten: Jede Koordinate ist n-mal gemessen worden, die Streubreiten der zufälligen Fehler ändern sich von Koordinate zu Koordinate, jeder Koordinate ist ein anderer systematischer Fehler überlagert.

22.1 Voraussetzungen

Gegeben seien $m > 2$ Datenpaare in Gestalt arithmetischer Mittel

$$(\bar{x}_1, \bar{y}_1), \quad (\bar{x}_2, \bar{y}_2), \quad \dots \quad (\bar{x}_m, \bar{y}_m) \tag{22.1}$$

aus jeweils n Wiederholungsmessungen

$$\bar{x}_i = \frac{1}{n}\sum_{l=1}^{n} x_{il} = x_{0,i} + \left(\bar{x}_i - \mu_{\bar{x}_i}\right) + f_{\bar{x}_i} \; ; \quad i = 1, \dots, m$$

$$E\{\bar{X}_i\} = \mu_{\bar{x}_i} \; ; \quad -f_{s,\bar{x}_i} \le f_{\bar{x}_i} \le f_{s,\bar{x}_i}$$

und

$$\bar{y}_i = \frac{1}{n}\sum_{l=1}^{n} y_{il} = y_{0,i} + \left(\bar{y}_i - \mu_{\bar{y}_i}\right) + f_{\bar{y}_i} \; ; \quad i = 1, \dots, m$$

$$E\{\bar{Y}_i\} = \mu_{\bar{y}_i} \; ; \quad -f_{s,\bar{y}_i} \le f_{\bar{y}_i} \le f_{s,\bar{y}_i} \; .$$

Die empirischen Varianzen

$$s_{\bar{x}_i}^2 = \frac{1}{n-1}\sum_{l=1}^{n} (x_{il} - \bar{x}_i)^2 \; , \quad s_{\bar{y}_i}^2 = \frac{1}{n-1}\sum_{l=1}^{n} (y_{il} - \bar{y}_i)^2 \; ; \quad i = 1, \dots, m$$

M. Grabe, *Grundriss der generalisierten Gauß'schen Fehlerrechnung.*
DOI 10.1007/978-3-642-17822-1, © Springer 2011

und die Grenzen der systematischen Fehler $\pm f_{s,\bar{x}_1}$, $\pm f_{s,\bar{y}_i}$ legen die Unsicherheiten der Eingangsdaten fest. Wir haben

$$\bar{x}_i - u_{\bar{x}_i} \le x_{0,i} \le \bar{x}_i + u_{\bar{x}_i} \; ; \quad u_{\bar{x}_i} = \frac{t_P(n-1)}{\sqrt{n}} s_{\bar{x}_i} + f_{s,\bar{x}_i}$$

$$\bar{y}_i - u_{\bar{y}_i} \le y_{0,i} \le \bar{y}_i + u_{\bar{y}_i} \; ; \quad u_{\bar{y}_i} = \frac{t_P(n-1)}{\sqrt{n}} s_{\bar{y}_i} + f_{s,\bar{y}_i}$$

$$i = 1, \ldots, m \, .$$

Wir unterstellen, die Intervalle $\bar{x}_i \pm u_{\bar{x}_i}$ und $\bar{y}_i \pm u_{\bar{y}_i}$ lokalisierten die wahren Werte $x_{0,i}, y_{0,i}$; $i = 1, \ldots, m$.

22.2 Orthogonale Projektion

Wir notieren das in sich widersprüchliche, überbestimmte, lineare System

$$\beta_1 + \beta_2 \bar{x}_i \approx \bar{y}_i \; ; \quad i = 1, \ldots, m > 2 \tag{22.2}$$

in Matrizen,

$$\boldsymbol{A}\boldsymbol{\beta} \approx \bar{\boldsymbol{y}} \, .$$

Hierin bezeichnen

$$\boldsymbol{A} = \begin{pmatrix} 1 & \bar{x}_1 \\ 1 & \bar{x}_2 \\ \cdots & \cdots \\ 1 & \bar{x}_m \end{pmatrix}, \quad \boldsymbol{\beta} = \begin{pmatrix} \beta_1 \\ \beta_2 \end{pmatrix}, \quad \bar{\boldsymbol{y}} = \begin{pmatrix} \bar{y}_1 \\ \bar{y}_2 \\ \cdots \\ \bar{y}_m \end{pmatrix}.$$

Die orthogonale Projektion des fehlerhaften Vektors $\bar{\boldsymbol{y}}$ der Beobachtungen in den Spaltenraum der Matrix $\boldsymbol{A}$ erzeugt

$$\bar{\boldsymbol{\beta}} = \boldsymbol{B}^{\mathrm{T}} \bar{\boldsymbol{y}} \, . \tag{22.3}$$

Wir haben

$$\boldsymbol{B} = \boldsymbol{A} \left(\boldsymbol{A}^{\mathrm{T}} \boldsymbol{A}\right)^{-1} = (b_{ik}) \, ; \quad i = 1, \ldots, m \; ; \quad k = 1, 2 \, ,$$

explizit

$$\boldsymbol{B} = \frac{1}{D} \begin{bmatrix} \sum_{j=1}^{m} \bar{x}_j^2 - \bar{x}_1 \sum_{j=1}^{m} \bar{x}_j & -\sum_{j=1}^{m} \bar{x}_j + m\bar{x}_1 \\ \sum_{j=1}^{m} \bar{x}_j^2 - \bar{x}_2 \sum_{j=1}^{m} \bar{x}_j & -\sum_{j=1}^{m} \bar{x}_j + m\bar{x}_2 \\ \cdots & \cdots \\ \sum_{j=1}^{m} \bar{x}_j^2 - \bar{x}_m \sum_{j=1}^{m} \bar{x}_j & -\sum_{j=1}^{m} \bar{x}_j + m\bar{x}_m \end{bmatrix} \tag{22.4}$$

mit

$$D = | \boldsymbol{A}^{\mathrm{T}} \boldsymbol{A} | \ .$$

Die Komponenten des Kleinste-Quadrate-Schätzers $\bar{\boldsymbol{\beta}}$ sind

$$\bar{\beta}_k = \sum_{i=1}^{m} b_{ik}\, \bar{y}_i \ ; \quad k = 1,2 \ . \tag{22.5}$$

Damit liegt die Ausgleichsgerade

$$y(x) = \bar{\beta}_1 + \bar{\beta}_2\, x \tag{22.6}$$

fest. Die $b_{i,k}$ sind mit den Fehlern der Abszissen belastet. Diese Fehler sind gemeinsam mit den Fehlern der Ordinaten zum Tragen zu bringen.

22.3 Reihenentwicklung des Lösungsvektors

Wir unterwerfen die $\bar{\beta}_k; k = 1,2$ Reihenentwicklungen in der Umgebung des Punktes

$$(x_{0,1}, \dots, x_{0,m} \ ; \ y_{0,1}, \dots, y_{0,m}) \ .$$

Die erste Entwicklung beziehe sich auf die $2m$-Tupel

$$(x_{1l}, x_{2l}, \dots, x_{ml} \ ; \ y_{1l}, y_{2l}, \dots, y_{ml}) \ ; \quad l = 1, \dots, n \ .$$

Wir haben

$$\begin{aligned} \bar{\beta}_{kl}(x_{1l}, \dots, x_{ml} \ ; \ y_{1l}, \dots, y_{ml}) &= \bar{\beta}_k(x_{0,1}, \dots, x_{0,m} \ ; \ y_{0,1}, \dots, y_{0,m}) \\ &+ \sum_{i=1}^{m} \frac{\partial \bar{\beta}_k}{\partial x_{0,i}} (x_{il} - \mu_{\bar{x}_i}) + \sum_{i=1}^{m} \frac{\partial \bar{\beta}_k}{\partial y_{0,i}} (y_{il} - \mu_{\bar{y}_i}) + \cdots \\ &+ \sum_{i=1}^{m} \frac{\partial \bar{\beta}_k}{\partial x_{0,i}} f_{\bar{x}_i} + \sum_{i=1}^{m} \frac{\partial \bar{\beta}_k}{\partial y_{0,i}} f_{\bar{y}_i} + \cdots ; \quad k = 1,2 \ ; \quad l = 1, \dots, n \end{aligned} \tag{22.7}$$

Die zweite Entwicklung nehme Bezug auf die arithmetischen Mittel

$$(\bar{x}_1, \bar{x}_2, \dots, \bar{x}_m \ ; \ \bar{y}_1, \bar{y}_2, \dots, \bar{y}_m) \ .$$

Wir haben

$$\bar{\beta}_k(\bar{x}_1,\dots,\bar{x}_m\,;\,\bar{y}_1,\dots,\bar{y}_m) = \bar{\beta}_k(x_{0,1},\dots,x_{0,m}\,;\,y_{0,1},\dots,y_{0,m})$$
$$+\sum_{i=1}^{m}\frac{\partial\bar{\beta}_k}{\partial x_{0,i}}(\bar{x}_i-\mu_{\bar{x}_i})+\sum_{i=1}^{m}\frac{\partial\bar{\beta}_k}{\partial y_{0,i}}(\bar{y}_i-\mu_{\bar{y}_i})+\cdots$$
$$+\sum_{i=1}^{m}\frac{\partial\bar{\beta}_k}{\partial x_{0,i}}f_{\bar{x}_i}+\sum_{i=1}^{m}\frac{\partial\bar{\beta}_k}{\partial y_{0,i}}f_{\bar{y}_i}+\cdots\,;\quad k=1,2\,. \tag{22.8}$$

Die partiellen Ableitungen an der Stelle $(x_{0,1},\dots,y_{0,m})$ sind unbekannt. Wir approximieren sie durch Ableitungen an der Stelle $(\bar{x}_1,\dots,\bar{y}_m)$. Des Weiteren führen wir die Notationen

$$\begin{aligned} c_{i1} &= \frac{\partial\bar{\beta}_1}{\partial\bar{x}_i}\,,\; c_{i+m,1} = \frac{\partial\bar{\beta}_1}{\partial\bar{y}_i} \\ c_{i2} &= \frac{\partial\bar{\beta}_2}{\partial\bar{x}_i}\,,\; c_{i+m,2} = \frac{\partial\bar{\beta}_2}{\partial\bar{y}_i} \end{aligned}\qquad i=1,\dots,m$$

ein und weisen die so definierten Koeffizienten einer Hilfsmatrix zu,

$$\boldsymbol{C}^{\mathrm{T}} = \begin{pmatrix} c_{11} & c_{21} & \cdots & c_{2m,1} \\ c_{12} & c_{22} & \cdots & c_{2m,2} \end{pmatrix}. \tag{22.9}$$

Die Koeffizienten c_{ik} finden sich in Anhang C. Des Weiteren setzen wir

$$\begin{aligned} v_{il} &= x_{il}\,, & v_{i+m,l} &= y_{il} \\ \bar{v}_i &= \bar{x}_i\,, & \bar{v}_{i+m} &= \bar{y}_i \\ \mu_i &= \mu_{\bar{x}_i}\,, & \mu_{i+m} &= \mu_{\bar{y}_i} \qquad i=1,\dots,m\,. \\ f_i &= f_{\bar{x}_i}\,, & f_{i+m} &= f_{\bar{y}_i} \\ f_{s,i} &= f_{s,\bar{x}_i}\,, & f_{s,i+m} &= f_{s,\bar{y}_i} \end{aligned}$$

Schließlich linearisieren wir die Entwicklungen (22.7) und (22.8) und führen formal Gleichheitszeichen ein. Mit $\bar{\beta}_k(x_{0,1},\dots,y_{0,m}) = \beta_{0,k}$ haben wir

$$\bar{\beta}_{kl} = \beta_{0,k}+\sum_{i=1}^{2m}c_{ik}(v_{il}-\mu_i)+\sum_{i=1}^{2m}c_{ik}f_i\,;\quad k=1,2\,;\quad l=1,\dots,n$$
$$\bar{\beta}_k = \beta_{0,k}+\sum_{i=1}^{2m}c_{ik}(\bar{v}_i-\mu_i)+\sum_{i=1}^{2m}c_{ik}f_i\,. \tag{22.10}$$

Subtraktion liefert

$$\bar{\beta}_{kl}-\bar{\beta}_k = \sum_{i=1}^{2m}c_{ik}(v_{il}-\bar{v}_i)\,;\quad k=1,2 \tag{22.11}$$

und Aufsummieren über l

$$\bar{\beta}_k = \frac{1}{n} \sum_{l=1}^{n} \bar{\beta}_{kl} \; ; \quad k = 1, 2 \, . \tag{22.12}$$

Stellen wir uns gedanklich ein Ensemble von Ausgleichsgeraden vor. Jede der Geraden stütze sich jeweils auf die l-ten Wiederholungsmessungen

$$(x_{1l}, \ldots, x_{ml} \; ; \; y_{1l}, \ldots, y_{ml}) \; ; \quad l = 1, \ldots, n$$

und produziere so eines der $\bar{\beta}_{kl}; \, l = 1, \ldots, n$. Da aufeinanderfolgende Datensätze voneinander unabhängig sind, gilt Gleiches für die $\bar{\beta}_{kl}$ selbst.

Wir stützen die Fortpflanzung zufälliger Messfehler auf (22.11). Die fortgepflanzten systematischen Fehler zeigt (22.10),

$$f_{\bar{\beta}_k} = \sum_{i=1}^{2m} c_{ik} f_i \; ; \quad k = 1, 2 \, . \tag{22.13}$$

22.4 Unsicherheit der Komponenten des Lösungsvektors

Zufällige Fehler

Nach (22.11) sind die Elemente $s_{\bar{\beta}_k \bar{\beta}_{k'}}$ der empirischen Varianz-Kovarianz Matrix des Lösungsvektors $\bar{\boldsymbol{\beta}}$,

$$\boldsymbol{s}_{\bar{\boldsymbol{\beta}}} = \begin{pmatrix} s_{\bar{\beta}_1 \bar{\beta}_1} & s_{\bar{\beta}_1 \bar{\beta}_2} \\ s_{\bar{\beta}_2 \bar{\beta}_1} & s_{\bar{\beta}_2 \bar{\beta}_2} \end{pmatrix} \; ; \quad s_{\bar{\beta}_1 \bar{\beta}_1} \equiv s^2_{\bar{\beta}_1} \, , \quad s_{\bar{\beta}_2 \bar{\beta}_2} \equiv s^2_{\bar{\beta}_2}$$

durch

$$\begin{aligned} s_{\bar{\beta}_k \bar{\beta}_{k'}} &= \frac{1}{n-1} \sum_{l=1}^{n} \left(\bar{\beta}_{kl} - \bar{\beta}_k\right) \left(\bar{\beta}_{k'l} - \bar{\beta}_{k'}\right) \\ &= \frac{1}{n-1} \sum_{l=1}^{n} \left[\sum_{i=1}^{2m} c_{ik} \left(v_{il} - \bar{v}_i\right) \right] \left[\sum_{j=1}^{2m} c_{jk'} \left(v_{jl} - \bar{v}_j\right) \right] \\ &= \sum_{i,j=1}^{2m} c_{ik} \, c_{jk'} \, s_{ij} \; ; \quad k, k' = 1, 2 \end{aligned}$$

gegeben. Die

$$s_{ij} = \frac{1}{n-1}\sum_{l=1}^{n}(v_{il}-\bar{v}_i)(v_{jl}-\bar{v}_j)\,; \quad i,j = 1,\ldots,2m$$

sind die Elemente der empirischen Varianz-Kovarianz Matrix

$$\boldsymbol{s} = (s_{ij})\,; \quad i,j = 1,\ldots,2m \tag{22.14}$$

der Eingangsdaten, jedes vom Freiheitsgrad $\nu = n-1$. Mittels (22.9) finden wir

$$\boldsymbol{s}_{\bar{\boldsymbol{\beta}}} = \boldsymbol{C}^T \boldsymbol{s}\, \boldsymbol{C}\,. \tag{22.15}$$

Systematische Fehler

Im Falle gleicher systematischer Fehler und Fehlergrenzen

$$\begin{aligned} f_{\bar{x}_i} &= f_x\,, \quad f_{s,\bar{x}_i} = f_{s,x} \quad -f_{s,x} \le f_x \le f_{s,x} \\ & \qquad\qquad\qquad\qquad\qquad\qquad\qquad i = 1,\ldots,m \\ f_{\bar{y}_i} &= f_y\,, \quad f_{s,\bar{y}_i} = f_{s,y} \quad -f_{s,y} \le f_y \le f_{s,y} \end{aligned} \tag{22.16}$$

zeigt (22.13)

$$\begin{aligned} f_{\bar{\beta}_k} &= \sum_{i=1}^{m} c_{ik} f_{\bar{x}_i} + \sum_{i=1}^{m} c_{i+m,k} f_{\bar{y}_i} \\ &= f_x \sum_{i=1}^{m} c_{ik} + f_y \sum_{i=1}^{m} c_{i+m,k}\,. \end{aligned}$$

Wegen

$$\begin{aligned} \sum_{i=1}^{m} c_{i1} &= -\bar{\beta}_2\,, \qquad & \sum_{i=1}^{m} c_{i+m,1} &= 1 \\ \sum_{i=1}^{m} c_{i,2} &= 0\,, \qquad & \sum_{i=1}^{m} c_{i+m,2} &= 0 \end{aligned} \tag{22.17}$$

haben wir

$$\begin{aligned} f_{\bar{\beta}_1} &= -f_x \bar{\beta}_2 + f_y \\ f_{\bar{\beta}_2} &= 0\,. \end{aligned} \tag{22.18}$$

Gesamtunsicherheiten

Lokalisieren wir zunächst die Erwartungswerte

$$E\{\bar{\beta}_1\} = \mu_{\bar{\beta}_1} = \beta_{0,1} + \sum_{i=1}^{2m} c_{i1} f_i$$

$$E\{\bar{\beta}_2\} = \mu_{\bar{\beta}_2} = \beta_{0,2} + \sum_{i=1}^{2m} c_{i2} f_i$$

mit Wahrscheinlichkeit P durch Vertrauensintervalle

$$\bar{\beta}_1 - \frac{t_P(n-1)}{\sqrt{n}} s_{\bar{\beta}_1} \leq \mu_{\bar{\beta}_1} \leq \bar{\beta}_1 + \frac{t_P(n-1)}{\sqrt{n}} s_{\bar{\beta}_1}$$

$$\bar{\beta}_2 - \frac{t_P(n-1)}{\sqrt{n}} s_{\bar{\beta}_2} \leq \mu_{\bar{\beta}_2} \leq \bar{\beta}_2 + \frac{t_P(n-1)}{\sqrt{n}} s_{\bar{\beta}_2} \, .$$

Dann sind die Gesamtunsicherheiten der Komponenten $\bar{\beta}_1, \bar{\beta}_2$ des Lösungsvektors $\bar{\boldsymbol{\beta}}$ durch

$$u_{\bar{\beta}_k} = \frac{t_P(n-1)}{\sqrt{n}} s_{\bar{\beta}_k} + \sum_{i=1}^{2m} | \, c_{ik} \, | \, f_{s,i} \, ; \quad k = 1,2 \, . \tag{22.19}$$

gegeben. Im Falle gleicher systematischer Fehler haben wir

$$u_{\bar{\beta}_1} = \frac{t_P(n-1)}{\sqrt{n}} s_{\bar{\beta}_1} + f_{s,x} \, | \, \bar{\beta}_2 \, | + f_{s,y}$$

$$u_{\bar{\beta}_2} = \frac{t_P(n-1)}{\sqrt{n}} s_{\bar{\beta}_2} \, . \tag{22.20}$$

Gleiche systematische Fehler verschieben die Gerade parallel zu sich selbst; sie nehmen damit keinen Einfluss auf die Steigung der Geraden. Wir notieren

$$\bar{\beta}_1 - u_{\bar{\beta}_1} \leq \beta_{0,1} \leq \bar{\beta}_1 + u_{\bar{\beta}_1} \, ; \quad \bar{\beta}_2 - u_{\bar{\beta}_2} \leq \beta_{0,2} \leq \bar{\beta}_2 + u_{\bar{\beta}_2} \, .$$

22.5 Unsicherheitsband

Zufällige Fehler

An Hand der in (22.10) definierten $\bar{\beta}_{kl}$ definieren wir ein Ensemble

$$y_l(x) = \bar{\beta}_{1l} + \bar{\beta}_{2l} \, x \, ; \quad l = 1, \ldots, n$$

von n Ausgleichsgeraden. Nach (22.12) führt

$$y(x) = \frac{1}{n}\sum_{l=1}^{n} y_l(x)$$

zu (22.6) zurück. Wir halten x fest und bilden nach (22.11) aus der Differenz

$$y_l(x) - y(x) = \left(\bar{\beta}_{1l} - \bar{\beta}_1\right) + \left(\bar{\beta}_{2l} - \bar{\beta}_2\right) x$$

$$= \sum_{i=1}^{2m} (c_{i1} + c_{i2}x)(v_{i1} - \bar{v}_i) \; ; \quad l = 1, \ldots, n$$

die empirische Varianz

$$s_{y(x)}^2 = \frac{1}{n-1}\sum_{l=1}^{n}(y_l(x) - y(x))^2 = \boldsymbol{c}^T \boldsymbol{s}\, \boldsymbol{c} \; ; \qquad (22.21)$$

$\boldsymbol{s}$ bezeichnet die in (22.14) definierte empirische Varianz-Kovarianz Matrix der Eingangsdaten und $\boldsymbol{c}$ den Hilfsvektor

$$\boldsymbol{c} = (c_{11} + c_{12}x \quad c_{21} + c_{22}x \quad \cdots \quad c_{2m,1} + c_{2m,2}x)^{\mathrm{T}} \; .$$

Systematische Fehler

Einsetzen von (22.10) in (22.6),

$$y(x) = \beta_{0,1} + \beta_{0,2}x + \sum_{i=1}^{2m} (c_{i1} + c_{i2}x)\,(\bar{v}_i - \mu_i) + \sum_{i=1}^{2m} (c_{i1} + c_{i2}x)\, f_i \; ,$$

zeigt den systematischen Fehler

$$f_{y(x)} = \sum_{i=1}^{2m} (c_{i1} + c_{i2}x)\, f_i \; . \qquad (22.22)$$

Die Worst-Case Abschätzung liefert

$$f_{s,y(x)} = \sum_{i=1}^{2m} |\; c_{i1} + c_{i2}\, x \;|\; f_{s,i} \; . \qquad (22.23)$$

Sind die systematischen Fehler gleich, (22.16), so führt (22.17) auf

$$f_{s,y(x)} = f_{s,x} \mid \bar{\beta}_2 \mid + f_{s,y} \; . \qquad (22.24)$$

Gesamtunsicherheit

Das symmetrisch zur Ausgleichsgeraden (22.6) liegende Unsicherheitsband ist durch

$$y(x) \pm u_{y(x)}$$

$$u_{y(x)} = \frac{t_P(n-1)}{\sqrt{n}} s_{y(x)} + \sum_{i=1}^{2m} | c_{i1} + c_{i2} x | f_{s,i} \tag{22.25}$$

gegeben. Im Sonderfalle gleicher systematischer Fehler haben wir

$$y(x) \pm u_{y(x)}$$

$$u_{y(x)} = \frac{t_P(n-1)}{\sqrt{n}} s_{y(x)} + f_{s,x} | \bar{\beta}_2 | + f_{s,y} \,. \tag{22.26}$$

Die Grenzlinien $y(x) \pm u_{y(x)}$ sollten die wahre Gerade

$$y(x) = \beta_{0,1} + \beta_{0,2} x$$

lokalisieren. Jede beliebige, innerhalb des Unschärfebandes liegende Gerade ist mit den Eingangsdaten und dem Fehlermodell verträglich und könnte die wahre Gerade sein, Abb. 22.1 und Abb. 22.2.

22.6 *EP*-Bereich

Der *EP*-Bereich soll das 2-Tupel $(\beta_{0,1}, \beta_{0,2})$ der wahren Werte in Relation zu den Schätzern $(\bar{\beta}_1, \bar{\beta}_2)$ lokalisieren.

Konfidenz-Ellipse

Nach (22.10) haben wir

$$\bar{\beta}_k = \mu_{\bar{\beta}_k} + \sum_{i=1}^{2m} c_{ik} (\bar{v}_i - \mu_i) \,; \quad \mu_{\bar{\beta}_k} = \beta_{0,k} + \sum_{i=1}^{2m} c_{ik} f_i \,; \quad k = 1, 2 \,.$$

Mit $s_{\bar{\boldsymbol{\beta}}}$ nach (22.15) lautet die Hotelling'sche Ellipse

$$(\bar{\boldsymbol{\beta}} - \mu_{\bar{\boldsymbol{\beta}}})^{\mathrm{T}} s_{\bar{\boldsymbol{\beta}}}^{-1} (\bar{\boldsymbol{\beta}} - \mu_{\bar{\boldsymbol{\beta}}}) = \frac{t_P^2(2, n-1)}{n} \,.$$

Die Konfidenz-Ellipse

$$(\boldsymbol{\beta} - \bar{\boldsymbol{\beta}})^{\mathrm{T}} s_{\bar{\boldsymbol{\beta}}}^{-1} (\boldsymbol{\beta} - \bar{\boldsymbol{\beta}}) = \frac{t_P^2(2, n-1)}{n} \tag{22.27}$$

lokalisiert den Punkt

$$\boldsymbol{\mu}_{\bar{\boldsymbol{\beta}}} = \begin{pmatrix} \mu_{\bar{\beta}_1} \\ \mu_{\bar{\beta}_2} \end{pmatrix} \tag{22.28}$$

mit Wahrscheinlichkeit P.

Sekuritäts-Polygon

Die systematischen Fehler f_i spannen den $2\,m$-dimensionalen Hyperquader

$$-f_{s,i} \leq f_i \leq f_{s,i}\ ; \quad i = 1,\dots,2\,m$$

auf. Die Fehlergleichungen

$$f_{\bar{\beta}_k} = \sum_{i=1}^{2m} c_{ik} f_i\ ; \quad k = 1, 2 \tag{22.29}$$

bilden den Quader in die $f_{\bar{\beta}_1}, f_{\bar{\beta}_2}$-Ebene ab. Dabei entsteht ein konvexes, punktsymmetrisches Polygon. Im Falle gleicher systematischer Fehler, (22.16), haben wir

$$f_{\bar{\beta}_1} = -f_x\,\bar{\beta}_2 + f_y$$
$$f_{\bar{\beta}_2} = 0\ ;$$

das Polygon entartet also zu einem Intervall

$$-(\,f_{s,x} \mid \bar{\beta}_2 \mid + f_{s,y}\,) \leq f_{\bar{\beta}_1} \leq f_{s,x} \mid \bar{\beta}_2 \mid + f_{s,y}\ . \tag{22.30}$$

Der Anschaulichkeit halber interpretieren wir es als „Stock“ der Länge $2(f_{s,x} \mid \bar{\beta}_2 \mid + f_{s,y})$.

Beispiele

Abbildung 22.1 stützt sich auf simulierte Daten. Sie zeigt die wahre Gerade (19.1), die Ausgleichsgerade (22.6), die Unsicherheiten (22.19) der Schätzer $\bar{\beta}_1, \bar{\beta}_2$, das Unschärfeband (22.25) und den das wahre 2-Tupel $(\beta_{0,1}, \beta_{0,2})$ lokalisierenden *EP*-Bereich.

Abbildung 22.2 unterstellt gleiche systematische Fehler. Dargestellt sind die wahre Gerade (19.1), die Ausgleichsgerade (22.6), die Unsicherheiten (22.20) der Schätzer $\bar{\beta}_1, \bar{\beta}_2$, das Unsicherheitsband (22.26) und den das wahre 2-Tupel $(\beta_{0,1}, \beta_{0,2})$ lokalisierenden *EP*-Bereich.

Beide Graphiken stützen sich auf Skalentransformationen, Anhang D.

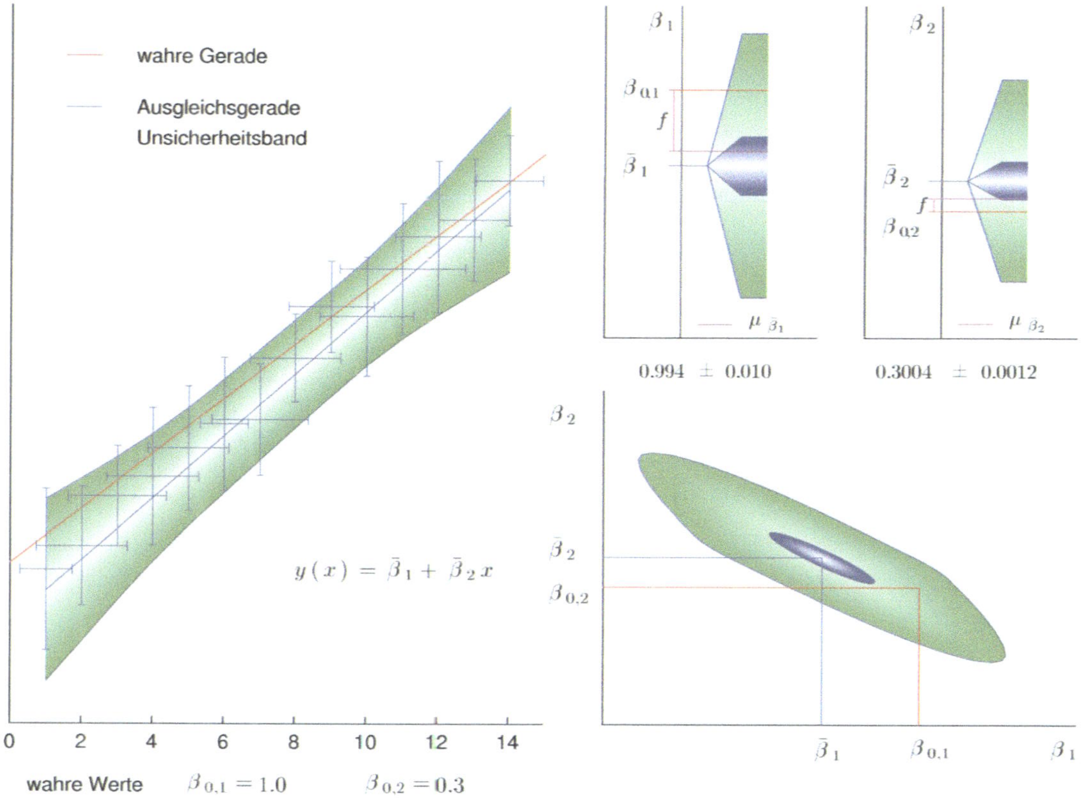

Abb. 22.1 Anpassen von Geraden, Fall 3. *Links*: Ausgleichsgerade, wahre Gerade und Unschärfeband. *Oben rechts*: Lokalisierung der wahren Werte $\beta_{0,1}$ und $\beta_{0,2}$. *Unten rechts*: *EP*-Bereich, Lokalisierung des Paares $(\beta_{0,1}, \beta_{0,2})$

Abb. 22.2 Anpassen von Geraden, Fall 3, gleiche systematische Fehler. *Links*: Ausgleichsgerade, wahre Gerade und Unschärfeband. *Oben rechts*: Lokalisierung der wahren Werte $\beta_{0,1}$ und $\beta_{0,2}$. *Unten rechts*: *EP*-Bereich, Lokalisierung des Paares $(\beta_{0,1}, \beta_{0,2})$

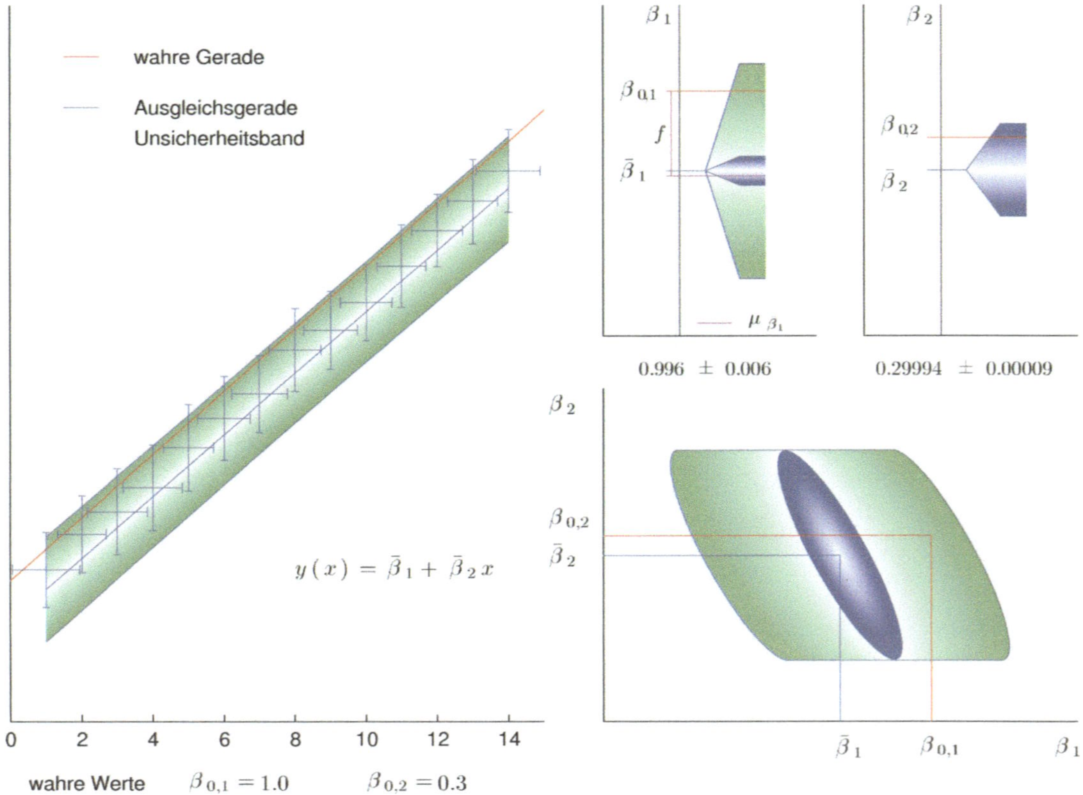

Teil VII
Anhänge

A Runden nach DIN 1333

Runden des Schätzers

Beim Auswerten experimenteller Daten fallen in der Regel nichtsignifikante Dezimalstellen an. Die Zahl signifikanter Stellen sollte sich an der Messunsicherheit orientieren, [17].

Legen wir zunächst die Dezimalstelle fest, in der der Schätzer zu runden ist. Ist die erste von Null verschiedene Dezimalstelle der Messunsicherheit eine der Ziffern

$$\left.\begin{array}{l}\text{1 oder 2}\,,\\ \\ \text{3 bis 9}\,,\end{array}\right\}\quad \text{so runden wir den Schätzer} \quad \left\{\begin{array}{l}\text{in der Stelle rechts neben}\\ \text{dieser Stelle}\\ \text{in eben dieser Stelle}\,.\end{array}\right.$$

Damit haben wir die Dezimalstelle bestimmt, in der der Schätzer zu runden ist. Ist die Stelle rechts neben dieser Stelle eine der Ziffern

$$\left.\begin{array}{l}\text{0 bis 4}\,,\\ \text{5 bis 9}\,,\end{array}\right\}\quad \text{so runden wir den Schätzer} \quad \left\{\begin{array}{l}\text{ab}\\ \text{auf}\,.\end{array}\right.$$

Runden der Unsicherheit

Die Unsicherheit selbst sollte in derjenigen Dezimalstelle aufgerundet werden, in der der Schätzer gerundet worden ist.

Gelegentlich wird der numerische Wert einer Konstanten im Hinblick auf gegebene Notwendigkeiten festgelegt – womit sich selbstredend keine erhöhte Genauigkeit verbindet. Eine Möglichkeit das Festlegen visuell anzuzeigen ist das Fettdrucken der letzten Dezimalstelle, beispielsweise 273,1**6** K.

M. Grabe, *Grundriss der generalisierten Gauß'schen Fehlerrechnung*.
DOI 10.1007/978-3-642-17822-1, © Springer 2011

Beispiele

Sei

$$(7{,}238143 \pm 0{,}000185)\ \mathrm{g}$$

das rohe Resultat einer Wägung. Die Schreibweise

$$\begin{array}{c} 7{,}2381\,4\,3 \\ \phantom{7{,}2381\,}\uparrow \\ 0{,}0001\,8\,5 \end{array}$$

erleichtert das Runden. Der Pfeil zeigt die Dezimalstelle in der der Schätzer zu runden ist. In eben dieser Stelle ist die Unsicherheit aufzurunden.

$$(7{,}23814 \pm 0{,}00019)\ \mathrm{g}$$

Table A.1 unterdrückt physikalische Einheiten.

Tabelle A.1 Runden von Schätzern und Unsicherheiten

Rohe Resultate		Gerundete Resultate	
6,755018 ...	± 0,000194 ...	6,75502	± 0,00020
1,9134 ...	± 0,0048 ...	1,913	± 0,005
119 748,8 ...	± 123,7 ...	119 750	± 130
81 191,21 ...	± 51,7 ...	81 190	± 60

B Konfidenz-Ellipse

Anpassen von Geraden: Fall (i)

Abschnitt 20.6

Liegen keine Wiederholungsmessungen vor, so stellt die Hotelling'sche Dichte zunächst jedenfalls keine Konfidenz-Ellipse zur Verfügung. Wir diskutieren die Konstruktion einer Konfidenz-Ellipse auf heuristischer Basis.

Wir gehen von der Hotelling'schen Ellipse (6.25) aus,

$$\begin{aligned} t^2(2, n-1) \\ = \frac{n}{|s\,|}\left[s_{yy}(\bar{x}-\mu_x)^2 - 2s_{xy}(\bar{x}-\mu_x)(\bar{y}-\mu_y) + s_{xx}(\bar{y}-\mu_y)^2\right] . \end{aligned} \tag{B.1}$$

Mit

$$s = \begin{pmatrix} s_{xx} & s_{xy} \\ s_{yx} & s_{yy} \end{pmatrix}, \quad \bar{s} = \begin{pmatrix} \dfrac{s_{xx}}{n} & \dfrac{s_{xy}}{n} \\ \dfrac{s_{yx}}{n} & \dfrac{s_{yy}}{n} \end{pmatrix} \tag{B.2}$$

haben wir

$$\frac{n}{|s\,|} = \frac{1}{n\,|\bar{s}\,|}$$

d. h.

$$\begin{aligned} t^2(2, n-1) \\ = \frac{1}{|\bar{s}\,|}\left[\frac{s_{yy}}{n}(\bar{x}-\mu_x)^2 - 2\frac{s_{xy}}{n}(\bar{x}-\mu_x)(\bar{y}-\mu_y) + \frac{s_{xx}}{n}(\bar{y}-\mu_y)^2\right] . \end{aligned} \tag{B.3}$$

Die Ellipse bezieht sich auf die arithmetischen Mittel $\bar{x}, \bar{y}$, die Erwartungswerte μ_x, μ_y und die empirische Varianz-Kovarianz Matrix $\bar{s}$, deren Elemente den Freiheitsgrad $(n-1)$ haben.

M. Grabe, *Grundriss der generalisierten Gauß'schen Fehlerrechnung*.
DOI 10.1007/978-3-642-17822-1, © Springer 2011

Nach Kapitel 20 haben wir

$$\bar{\boldsymbol{\beta}} = \begin{pmatrix} \bar{\beta}_1 \\ \bar{\beta}_2 \end{pmatrix} ; \quad \boldsymbol{\mu}_{\bar{\boldsymbol{\beta}}} = \begin{pmatrix} \mu_{\bar{\beta}_1} \\ \mu_{\bar{\beta}_2} \end{pmatrix} ; \quad \boldsymbol{s}_{\bar{\boldsymbol{\beta}}} = \begin{pmatrix} s_{\bar{\beta}_1\bar{\beta}_1} & s_{\bar{\beta}_1\bar{\beta}_2} \\ s_{\bar{\beta}_2\bar{\beta}_1} & s_{\bar{\beta}_2\bar{\beta}_2} \end{pmatrix} . \tag{B.4}$$

Die Elemente der Matrix $\boldsymbol{s}_{\bar{\boldsymbol{\beta}}}$ besitzen den Freiheitsgrad $(m-2)$. Setzen wir versuchsweise

$$t^2(2,\ldots) = \tag{B.5}$$

$$\frac{1}{|\boldsymbol{s}_{\bar{\boldsymbol{\beta}}}|}\left[s_{\bar{\beta}_2\bar{\beta}_2}\left(\bar{\beta}_1-\mu_{\bar{\beta}_1}\right)^2 - 2s_{\bar{\beta}_1\bar{\beta}_2}\left(\bar{\beta}_1-\mu_{\bar{\beta}_1}\right)\left(\bar{\beta}_2-\mu_{\bar{\beta}_2}\right) s_{\bar{\beta}_1\bar{\beta}_1}\left(\bar{\beta}_2-\mu_{\bar{\beta}_2}\right)^2\right] .$$

Während (B.2) sich auf Wiederholungsmessungen stützt, gilt Gleiches nicht für (B.4). Dennoch sind die statistischen Fluktuation in (B.3) und (B.5) vergleichbar.

Die Hotelling'sche Dichte lautet

$$p_T(t;m,n-1) \tag{B.6}$$

$$= \frac{2\Gamma(n/2)}{(n-1)^{m/2}\Gamma[(n-m)/2]\Gamma(m/2)} \frac{t^{m-1}}{[1+t^2/(n-1)]^{n/2}}$$

$$t > 0 , \quad n > m .$$

Substituieren wir zunächst m durch 2, da wir zwei Variablen haben,

$$p_T(t;2,n-1) = \frac{2\Gamma(n/2)}{(n-1)\Gamma[(n-2)/2]} \frac{t}{[1+t^2/(n-1)]^{n/2}} .$$

Ersetzen wir des Weiteren den Hotelling'schen Freiheitsgrad $n-1$ durch den Freiheitsgrad der Elemente der Matrix (B.4), d. h. durch $m-2$, so haben wir

$$p_T(t;2,m-2) = \frac{2\Gamma((m-1)/2)}{(m-2)\Gamma[(m-3)/2]} \frac{t}{[1+t^2/(m-2)]^{(m-1)/2}} . \tag{B.7}$$

Nach allem legt die heuristische Betrachtung nahe, den empirischen Schätzern $\bar{\beta}_1, \bar{\beta}_2$ der Ausgleichsgeraden (20.5) eine Konfidenz-Ellipse der Gestalt

$$s_{\bar{\beta}_2\bar{\beta}_2}(\beta_1-\bar{\beta}_1)^2 - 2s_{\bar{\beta}_1\bar{\beta}_2}(\beta_1-\bar{\beta}_1)(\beta_2-\bar{\beta}_2) + s_{\bar{\beta}_1\bar{\beta}_1}(\beta_2-\bar{\beta}_2)^2$$

$$= t_P^2(2,m-2)|\boldsymbol{s}_{\bar{\boldsymbol{\beta}}}| \tag{B.8}$$

zuzuweisen. Um den $t_P^2(2,m-2)$-Faktor zu bestimmen, gehen wir in die Spalte Hotelling'scher Quantile für 2 Variablen und lesen den Wert für $m-2$ Freiheitsgrade ab, Anhang E. Dann sollte die Ellipse (B.8) den Punkt

$$\boldsymbol{\mu}_{\bar{\boldsymbol{\beta}}} = \begin{pmatrix} \mu_{\bar{\beta}_1} \\ \mu_{\bar{\beta}_2} \end{pmatrix}$$

mit Wahrscheinlichkeit P lokalisieren.

Wir bemerken noch, dass der Drehwinkel φ der Ellipse (B.8), gemessen gegen die β_1-Achse eines rechtwinkligen β_1, β_2-Koordinatensystems, entgegengesetzt der Drehrichtung des Uhrzeigers, wegen

$$\tan(2\varphi) = \frac{-s_{\bar{\beta}_1\bar{\beta}_2}}{s_{\bar{\beta}_2\bar{\beta}_2} - s_{\bar{\beta}_1\bar{\beta}_1}} \tag{B.9}$$

stichprobenunabhängig ist, da sich die empirische Varianz s_y^2 aus (B.9) heraushebt.

C Reihenentwicklung des Lösungsvektors

Anpassen von Geraden: Fall (iii)

Abschnitt 22.3

Die Koeffizienten der Reihenentwicklung der Komponenten des Lösungsvektors $\bar{\beta}_1, \bar{\beta}_2$ lauten

$$c_{i,1} = \frac{1}{D}\left[2\bar{x}_i \sum_{j=1}^{m} \bar{y}_j - \bar{y}_i \sum_{j=1}^{m} \bar{x}_j - \sum_{j=1}^{m} \bar{x}_j \bar{y}_j\right] - \frac{2\bar{\beta}_1}{D}\left[m\bar{x}_i - \sum_{j=1}^{m} \bar{x}_j\right]$$

$$c_{i+m,1} = \frac{1}{D}\left[\sum_{j=1}^{m} \bar{x}_j^2 - \bar{x}_i \sum_{j=1}^{m} \bar{x}_j\right]$$

$$c_{i,2} = \frac{1}{D}\left[-\sum_{j=1}^{m} \bar{y}_j + m\bar{y}_i\right] - \frac{2\bar{\beta}_2}{D}\left[m\bar{x}_i - \sum_{j=1}^{m} \bar{x}_j\right]$$

$$c_{i+m,2} = \frac{1}{D}\left[-\sum_{j=1}^{m} \bar{x}_j + m\bar{x}_i\right] \; ; \quad i = 1, \dots, m \, .$$

Die in (22.9) definierte Matrix C fasst die Koeffizienten zusammen.

M. Grabe, *Grundriss der generalisierten Gauß'schen Fehlerrechnung*.
DOI 10.1007/978-3-642-17822-1, © Springer 2011

D Skalentransformation

Mittelwerte

Das begrenzte Auflösungsvermögen des Auges schließt das Visualisieren von Messunsicherheiten in der Regel aus. Als Ausweg bieten sich Skalentransformationen an.

Unterwerfen wir zunächst die Unsicherheit $u_{\bar{x}}$ des arithmetischen Mittels $\bar{x}$ der Skalentransformation. An Stelle des metrologisch definierten Resultates

$$\bar{x} \pm u_{\bar{x}}$$

tragen wir

$$\bar{x} \pm V u_{\bar{x}} \ ; \quad V \gg 1 \tag{D.1}$$

auf. Der Faktor V erweitert die primäre Unsicherheit $u_{\bar{x}}$ visuell. Solange wir Messdaten simulieren, ist die Lage des wahren Wertes bekannt. Um die Aussage der Messunsicherheit bewahren zu können, müssen wir formal auch den wahren Wert transformieren. Der *graphisch darzustellende* wahre Wert x_0^* ist durch

$$x_0^* = \bar{x} + (x_0 - \bar{x})V \ ; \quad V \gg 1 \tag{D.2}$$

gegeben. Für $V = 1$ kommen wir zu $x_0^* = x_0$ zurück.

Der Erwartungswert $E\{\bar{X}\} = \mu_{\bar{x}}$ der Zufallsvariablen $\bar{X}$ unterliegt derselben Transformation,

$$\mu_{\bar{x}}^* = \bar{x} + (\mu_{\bar{x}} - \bar{x})V \ ; \quad V \gg 1 \ . \tag{D.3}$$

$V = 1$ führt zu $\mu_{\bar{x}}^* = \mu_{\bar{x}}$ zurück.

Geraden

Auch hier fällt die graphische Darstellung des Unsicherheitsbandes jedenfalls in der Regel „zu eng" aus, um visuell aufgelöst werden zu können. An Stelle des metrologisch definierten Unsicherheitsbandes

$$\bar{y}(x) \pm u_{\bar{y}(x)}$$

DOI 10.1007/978-3-642-17822-1,

können wir das transformierte, visuell auflösbare Unsicherheitsband

$$\bar{y}(x) \pm V u_{\bar{y}(x)} \; ; \qquad V \gg 1 \tag{D.4}$$

auftragen. Die Transformation verhindert, dass die Begrenzungslinien des Unsicherheitsbandes visuell mit der Ausgleichsgeraden

$$\bar{y}(x) = \bar{\beta}_1 + \bar{\beta}_2 \, x \tag{D.5}$$

zusammenfallen. Die im Rahmen der Datensimulation bekannte wahre Gerade

$$y(x) = \beta_{0,1} + \beta_{0,2} \, x \tag{D.6}$$

ist ebenfalls zu transformieren. Bei festem x kann jeder Wert des Bereiches $\bar{y}(x) - u_{\bar{y}(x)} \ldots \bar{y}(x) + u_{\bar{y}(x)}$ der wahre Wert $y(x)$ sein. Also ersetzen wir die wahre Gerade durch

$$y^*(x) = \bar{y}(x) + (y(x) - \bar{y}(x))V \; . \tag{D.7}$$

Wieder führt $V = 1$ zu $y^*(x) = y(x)$ zurück. Einsetzen von (D.5) und (D.6) liefert

$$\begin{aligned} y^*(x) &= \bar{\beta}_1 + \bar{\beta}_2 \, x + (\beta_{0,1} + \beta_{0,2} \, x - \bar{\beta}_1 - \bar{\beta}_2 \, x)V \\ &= [\, \bar{\beta}_1 + (\beta_{0,1} - \bar{\beta}_1)V \,] + [\, \bar{\beta}_2 + (\beta_{0,2} - \bar{\beta}_2)V \,] \, x \; . \end{aligned} \tag{D.8}$$

Im Rahmen der Skalentransformation ist

$$y^*(x) = \beta^*_{0,1} + \beta^*_{0,2} \, x \tag{D.9}$$

die wahre Gerade; ihre Koeffizienten sind

$$\begin{aligned} \beta^*_{0,1} &= \bar{\beta}_1 + (\beta_{0,1} - \bar{\beta}_1)V \\ \beta^*_{0,2} &= \bar{\beta}_2 + (\beta_{0,2} - \bar{\beta}_2)V \; . \end{aligned} \tag{D.10}$$

Um die Erwartungswerte $E\{\bar{\beta}_1\} = \mu_{\bar{\beta}_1}$ und $E\{\bar{\beta}_2\} = \mu_{\bar{\beta}_2}$ zu transformieren, gehen wir nach (D.5) von

$$\mu_{\bar{y}(x)} = \mu_{\bar{\beta}_1} + \mu_{\bar{\beta}_2} \, x \tag{D.11}$$

aus. Nach (D.7) haben wir

$$\mu^*_{\bar{y}(x)} = \bar{y}(x) + (\mu_{\bar{y}(x)} - \bar{y}(x))V \; . \tag{D.12}$$

Einsetzen von (D.5) und (D.11) liefert

$$\begin{aligned} \mu^*_{\bar{\beta}_1} &= \bar{\beta}_1 + (\mu_{\bar{\beta}_1} - \bar{\beta}_1)V \\ \mu^*_{\bar{\beta}_2} &= \bar{\beta}_2 + (\mu_{\bar{\beta}_2} - \bar{\beta}_2)V \; . \end{aligned} \tag{D.13}$$

E Quantile der Hotelling'schen Dichte

$t_{0,95}$; $P = 95\%$

m / $n-1$	1	2	3	4	5	6	7	8	9	10
1	13									
2	4,3	28								
3	3,2	7,6	44							
4	2,8	6,1	10,7	60						
5	2,6	4,2	6,8	13,9	76					
6	2,5	3,7	6,4	8,5	17,0	92				
7	2,4	3,5	4,8	6,7	10,3	20,1	108			
8	2,3	3,3	4,4	6,8	7,9	12,0	23,3	124		
9	2,3	3,2	4,1	6,2	6,7	9,1	13,7	26,4	140	
10	2,2	3,1	3,9	4,9	6,0	7,7	10,3	16,4	29,5	156
11	2,2	3,0	3,8	4,6	6,6	6,9	8,7	11,5	17,1	32,7
12	2,2	3,0	3,7	4,4	6,3	6,3	7,7	9,6	12,7	18,8
13	2,2	2,9	3,6	4,3	6,0	6,9	7,0	8,5	10,6	13,9
14	2,1	2,9	3,5	4,1	4,8	6,6	6,6	7,7	9,3	11,2
15	2,1	2,8	3,4	4,0	4,7	6,4	6,2	7,2	8,4	10,1
16	2,1	2,8	3,4	4,0	4,6	6,2	6,9	6,8	7,8	9,1
17	2,1	2,8	3,3	3,9	4,5	6,1	6,7	6,5	7,4	8,4
18	2,1	2,8	3,3	3,8	4,4	4,9	6,5	6,2	7,0	7,9
19	2,1	2,7	3,3	3,8	4,3	4,8	6,4	6,0	6,7	7,5
20	2,1	2,7	3,3	3,7	4,2	4,7	6,3	6,8	6,5	7,2
21	2,1	2,7	3,2	3,7	4,2	4,7	6,2	6,7	6,3	6,9
22	2,1	2,7	3,2	3,7	4,1	4,6	6,1	6,6	6,1	6,7
23	2,1	2,7	3,2	3,6	4,1	4,5	6,0	6,5	6,0	6,5
24	2,1	2,7	3,2	3,6	4,0	4,5	4,9	6,4	6,9	6,4
25	2,1	2,7	3,1	3,6	4,0	4,4	4,8	6,3	6,7	6,2
26	2,1	2,7	3,1	3,6	4,0	4,4	4,8	6,2	6,7	6,1
27	2,1	2,7	3,1	3,5	3,9	4,3	4,7	6,1	6,6	6,0
28	2,1	2,6	3,1	3,5	3,9	4,3	4,7	6,1	6,5	6,9
29	2,0	2,6	3,1	3,5	3,9	4,3	4,6	6,0	6,4	6,8
30	2,0	2,6	3,1	3,5	3,9	4,2	4,6	6,0	6,4	6,8
31		2,6	3,1	3,5	3,8	4,2	4,6	4,9	6,3	6,7
32			3,1	3,5	3,8	4,2	4,5	4,9	6,3	6,6
33				3,4	3,8	4,2	4,5	4,9	6,2	6,6
34					3,8	4,1	4,5	4,8	6,2	6,5
35						4,1	4,5	4,8	6,1	6,4
36							4,4	4,7	6,1	6,4
37								4,7	6,1	6,4
38									6,0	6,3
39										6,3

M. Grabe, *Grundriss der generalisierten Gauß'schen Fehlerrechnung.*
DOI 10.1007/978-3-642-17822-1, © Springer 2011

Literatur

Zeitschriften und Berichte

1. Student (W.S. Gosset), The Probable Error of a Mean, Biometrika **1** (1908) 1–25
2. Eisenhart, C., The Reliability of Measured Values – Part I Fundamental Concepts, Photogrammetric Engineering **18** (1952) 543–561
3. Wagner, S., Zur Behandlung systematischer Fehler bei der Angabe von Messunsicherheiten, PTB-Mitt. **79** (1969) 343–347
4. Grabe, M., Über die Fortpflanzung zufälliger und systematischer Fehler, Seminar über die Angabe der Messunsicherheit, 20. und 21. Februar 1978, Physikalisch-Technische Bundesanstalt Braunschweig
5. BIPM, Draft Recommendation on the Statement of Uncertainties, Metrologia **17**(1981) 69–74
6. Grabe, M., On the Assignment of Uncertainties Within the Method of Least Squares, Poster Paper, Second International Conference on Precision Measurement and Fundamental Constants, Washington D.C., USA 8–12 June 1981
7. Guide to the Expression of Uncertainty in Measurement (*GUM*), 1 Rue Varambé, Case Postale 56, CH 1221, Geneva 20, Switzerland
8. Cohen, E.R. and B.R. Taylor, The 1986 Adjustement of the Fundamental Physical Constants, Codata Bulletin, No. 63 (1986)
9. Grabe, M., Principles of “Metrological Statistics”, Metrologia **23** (1986/87) 213–219
10. Grabe, M., Anpassung eines Kreises nach kleinsten Quadraten, Jahresbericht der Physikalisch-Technischen Bundesanstalt, (1989) 210–211
11. Grabe, M., On the Estimation of One- and Multidimensional Uncertainties, National Conference of Standards Laboratories, Proceedings 569–576, Albuquerque, USA 25–29 July 1993
12. Grabe, M., Estimation of Measurement Uncertainties – an Alternative to the *ISO Guide*, Metrologia **38** (2001) 97–106
13. Grabe, M., The Alternative Error Model and its Impact on Traceability and Key Comparison, Poster Paper, BIPM-NPL Workshop on the Evaluation of Interlaborators Comparison Data, NPL Teddington 19 September 2002
14. Plackett, R.L., Some Theorems in Least Squares, Biometrika **37** (1950) 149–157
15. Engineering Statistics Handbook, NIST/SEMATECH e-Handbook of Statistical Methods, http://www.itl.nist.gov/div898/handbook/
16. Deutsches Institut für Normung e.V., Grundbegriffe der Meßtechnik, DIN 1319-1 (1995), DIN 1319-2 (1980), DIN 1319-3 (1996), DIN 1319-4 (1999), Beuth Verlag GmbH, Berlin 30
17. Deutsches Institut für Normung e.V., Zahlenangaben, DIN 1333 (1992), Beuth Verlag GmbH, Berlin 30
18. CODATA, Committee on Data for Science and Technology, 5 rue Auguste Vacquerie, 75016 Paris, France
19. Quinn, T.J., The Kilogram: The Present State of our Knowledge, IEEE IM **40** (1991) 81–85

Spezielle Darstellungen

20. Gauß, C.F., Abhandlungen zur Methode der kleinsten Quadrate, Physica, Würzburg, 1964
21. Ku H.H. (Ed.), Precision Measurement and Calibration, NBS Special Publication 300 Vol. 1, United States Department of Commerce, Washington D.C., 1969
22. Precision Measurement and Calibration, NBS Special Publication **343**, United States Department of Commerce, Washington D.C., 1971: Bender, P.L., B.N. Taylor, E.R. Cohen, J.S. Thomsen, P. Franken and C. Eisenhart, Should Least Squares Adjustment of the Fundamental Constants be Abolished?
23. Grabe, M., Schätzen von Meßunsicherheiten in Wissenschaft und Technik, Books on Demand GmbH, Braunschweig, 2000
24. Grabe, M., Measurement Uncertainties in Science and Technology, Springer, Berlin, 2005
25. Grabe, M., Generalized Gaussian Error Calculus, Springer, Berlin, 2010

Lehrbücher

26. Cramér, H., Mathematical Methods of Statistics, Princeton University Press, Princeton, 1954
27. Graybill, F.A., An Introduction to Linear Statistical Models, McGraw-Hill, New York, 1961
28. Papoulis, A., Probability, Random Variables and Stochastic Processes, McGraw-Hill Kogakusha Ltd, Tokyo, 1965
29. Beckmann, P., Elements of Applied Probability Theory, Harcourt, Brace & World Inc., New York, 1968
30. Eadie, W.T. *et al.*, Statistical Methods in Experimental Physics, North Holland, Amsterdam, 1971
31. Clifford, A.A., Multivariate Error Analysis, Applied Science Publisher Ltd., London, 1973
32. Chao, L.L., Statistics Methods and Analyses, McGraw-Hill Kogakusha Ltd., Tokyo, 1974
33. Ayres, F., Matrices, Schaum's Outline Series, McGraw-Hill, New York, 1974
34. Seber, G.A.F., Linear Regression Analysis, John Wiley & Sons, New York, 1977
35. Fisz, M., Wahrscheinlichkeitsrechnung und mathematische Statistik, VEB Deutscher Verlag der Wissenschaften, Berlin, 1978
36. Draper, N.R. and H. Smith, Applied Regression Analysis, John Wiley & Sons, New York, 1981
37. Strang, G., Linear Algebra and its Applications, Harcourt Brace Jovanovich College Publishers, New York, 1988
38. Kendall, M.G. and A. Stuart, The Advanced Theory of Statistics, Vol. 1–3 Charles Griffin & Company Limited, London 2009, 1991, 1966

Sachverzeichnis

MIX
Papier aus verantwortungsvollen Quellen
Paper from responsible sources
FSC® C105338

If you have any concerns about our products,
you can contact us on
ProductSafety@springernature.com

In case Publisher is established outside the EU,
the EU authorized representative is:
Springer Nature Customer Service Center GmbH
Europaplatz 3, 69115 Heidelberg, Germany

Printed by Libri Plureos GmbH
in Hamburg, Germany